摩佽识翠

翡翠鉴赏、价值评估及贸易

摩佽 著

云南出版集团公司
云南美术出版社

图书在版编目（CIP）数据

摩佉识翠：翡翠鉴赏、价值评估及贸易/摩佉著.
昆明：云南美术出版社，2006（2007.8 重印）
ISBN 978-7-80695-420-1

Ⅰ.摩... Ⅱ.摩... Ⅲ.①玉石-鉴赏-中国②玉石-商品学 Ⅳ.①K876.8②F768.7

中国版本图书馆CIP数据核字（2006）第114987号

统　　筹：彭　晓
责任编辑：杨朝晖　庞　宇
装帧设计：庞　宇

摩佉识翠

翡翠鉴赏、价值评估及贸易

摩佉 著

出版发行:云南出版集团公司
云南美术出版社(昆明市环城西路609号)
制　版:昆明雅昌图文信息技术有限公司
印　刷:昆明富新春彩色印务有限公司
开　本:880×1194mm 1/32
印　张:5.5
版　次:2006年10月第1版　2007年8月第2次印刷
ISBN 978-7-80695-420-1
定　价:56.00元

自序

长期以来，翡翠的商贸、科研人员、民间人士以及有关翡翠教材，对翡翠的名词、术语、解释等十分混乱，错误较多，使学习翡翠知识的人走入迷途，影响了翡翠科研及商贸的发展。本文结合笔者30年来对翡翠的理解，力求用简明易懂的语言和科学的方法，同时考虑用民间通俗之语写出此文，以供各方参考、学习使用，意在使翡翠研究人员少走弯路，使商贸人员易与市场结合，使学生直接入门。

翡翠知识是一门综合性很强的知识，内容丰富多彩。但目前关于翡翠的理论文章，理论多而枯燥，使人看之无味，没精神。怎样用文字把翡翠各方面的美充分表达出来，使人们提高自信、完备自我、享受人生，这是我愿望。

中国宝石业的现状是：写书的没有钱，有钱的不写书。也许说明了一个问题：理论与实践（市场）的严重脱节。在许多人，特别是一些青年的要求下，笔者将30年间从事翡翠商贸与科研工作的心得体会和经验总结写出来，希望本书的出版能对翡翠研究与市场起到借鉴作用。

笔者是地质工程技术人员，后来又搞宝玉石，研究了一辈子的石头。

30年来，在世界各地交了很多各式各样的朋友，甚至有三教九流，这使我得益匪浅。

改革开放以来，最早的珠宝刊物是1989年出版的《珠宝科技》。在创刊号发表了笔者的翡翠研究文章以后，笔者又陆续发表了百多篇关于珠宝方面的论文。在这之前，即1980年至1989年间，因为各方面的原因，笔者写的珠宝论文都是以打印手抄本的方式在社会上广为传看。这次在朋友及学生的催促下，整理了以前发表或未发表过的文章，就成了这本书。

为了自由自在，笔者很早就辞了职，专心研究珠宝翡翠，也得到朋友及社会的认可。本不想写书，写书倒成了我的包袱。书中所收录的图片，大部分都是自己在工作中随手而照，用做备查资料，因各种客观条件限制，部分图片质量不尽如人意。考虑到资料可贵，也选择部分使用。

本书的出版感谢云南省珠宝玉石饰品质量监督检验所牛华所长的大力支持。

有人说，世上有一半的书是笨人写给笨人看的，但愿我的书是笨人写给聪明人读的。

最后，本书要献给长期以来追随我的学生与朋友，他们与我一起研究翡翠珠宝、设计加工成世界上最为高贵的艺术品，参加世界级的拍卖会，创造了很多辉煌，丰富了翡翠市场，普及了翡翠知识，给人们带来了美的享受。

目录

序篇

一、翡翠是玉文化的一种代表

中华民族是一个爱玉的民族，具有七千年玉文化史，我们的祖先创造了光辉灿烂的古玉文化、白玉文化和翡翠文化。从古玉、白玉，一直到几百年前翡翠为世人广泛认可。玉石深受各族人民的喜爱，形成了博大深厚的中国玉文化。

我们的祖先认为玉是一种充满魅力的美石，和大自然、宇宙有某种神秘的联系，因美而敬，因爱而惧。当先民们把那些色泽晶莹的美石，经过耐心细致的打磨，制成带有一定意味的形状用于祭祀和装饰，说明了人类独具的想象力和对美的追求，意味着人们思想中的信仰、寄托和审美。玉石具有的美丽和坚硬，与上古先民思想中至上的祖先、至上的自然力、至上的鬼神自然而然地联系在一起。大量古代文字记载和一些出土文物，都证明了这样一个史实：一件玉器或饰物，表达了最原始的审美意识，最早的信念和虔诚，在历史发展过程中不断地被赋予新的含意，发生着新的作用。经过历史岁月的浸染，逐步形成了我国特有的玉文化。

绿色的翡翠，柔顺、平和、洁净，养护着生命，生生不息，它使整个世界都生动起来

唐代玉鸟。

宋代玉多角杯。

中国传统琢玉图。

翡翠是山川大地之精华，玉文化是民族智慧与山川大地精华完美结合的产物。翡翠文化,是在中国古代传统文化的基础上继承而来,是玉文化高层次的发展。它集中国传统文化、历史、宗教、政治、经济于一身,充分体现了中华文明的博大精深。在对翡翠这种玉石的不断认识和发展过程中，翡翠把中国传统玉文化推向顶峰。翡翠的绿色最能体现中华民族的个性,那就是和平、奋发、自强不息的精神；翡翠的绿色又是大自然的主色调,代表着年轻,旺盛及向上,热爱生命,很好地凸现着中华民族的勤劳,勇往直前的精神；翡翠的绿是那样神秘深邃,含蓄端庄,纯洁柔和,它代表着一种向往,一种自然之力，一种中国传统文化哲学和美学。翡翠以绿为主，各色相容，合而不同，代表着我国众多民族的团结。可以说玉是华夏之魂,翡翠是中华之瑰宝。

翡翠是玉文化的一种代表，自从19世纪以来，翡翠在皇室和民间就广泛流行，一直到今天。由于翡翠制作的艺术品是古玉文化的发扬，是中国传统文化与艺术融为一体的，故无论在美术史上，还是在中华文明的发展史上对翡翠的艺术研究都具有很高的价值。从《山海经•西山经》中谈玉，到《诗经》、《红楼梦》等关于玉文化的论述，直到近代的爱玉、琢玉、佩玉的研究，玉一直是诸多美德的代名词，是真善美的象征。

翡翠为中国人所发现。几百年来，云南西部各族人民费尽千辛万苦，把翡翠传入内地、沿海，又用血和生命的代价，最终把翡翠推向世界，使翡翠艺术品大放光彩。自从翡翠走向世界，参与世界贵重珠宝贸易以来，价格直线上升。所有贵重宝石中，只有翡翠价格未受世界经济影响，自20世纪80年代中期至今，特级翡翠的价格暴涨了近三千倍之多，目前还在看涨，这有多方面的原因，主要是随着经济社会发展，人们对翡翠认识不断加深及特级翡翠越来越少所造成的。

要全面了解翡翠世界，需具有多方面的知识，如：地质学、矿物学、结晶学、光学、化学、色彩学、美学等 。只有具备综合性的科学知识，才能更深入地认识翡翠，掌握它的规律。翡翠文化是在古玉文化的基础上继承而来，是玉文化高层次的发展，集美学、哲学、文学、历史、宗教、政治、经济于一身，充分体现了中华民族的价值观，丰富的文化内涵及中华文明的深厚底蕴。

玻璃底翡翠观音吊坠，脸相端庄慈祥，整体比例协调，无棉无杂质，厚度适中。7.6cm×3.5cm×0.7cm。1999年价4.6万元。

18K白金镶钻石翡翠胸坠，翡翠直径2.0cm,厚0.3cm，颜色艳丽、黄味足，非常耀眼。2006年价3.8万元。

二、翡翠文化内涵

1.代表着一种文化。

中国是世界四大文明古国之一，有五千多年历史，玉文化在历史发展中不断丰富。翡翠作为玉文化的一种代表，从珠宝玉石方面充分体现了中国丰厚的文化内涵及中华文明的博大精深。

2.代表着一种艺术。

在漫长的历史过程中，我国人民把自己的理想、情感反映在玉石翡翠上的冲动，而有了玉石翡翠的雕琢和艺术品产生。

翡翠，通过几百年的发展，达到了至善至美的境界，翡翠艺术品虽然是一种商品，但作为一种艺术品，有其追求和境界。

3.代表着一种品质。

玉器质地淳朴，色彩艳丽，石质含蓄，历来深受我国人民的喜爱，所以出现玉有五德、九德，甚至十一德之说，但实际上我国人民在长期对玉的观察体会中引申联想，悟出许多关于人生的哲理。玉的品质是人们的精神支柱和传统美德的物化体现，这就是玉饰品长久不衰的原因。在现代社会发展的今天，玉石翡翠成为人们培养高尚品格、美好愿望、完美形象、自身良好情绪及情操的载体，也表达了人类对和平、诚实、典雅及完美等品质的追求。

4.代表着一种美。

翡翠之美集合了自古以来玉所表现的各种美，如物质美、人格化后的心灵美(君子自比德玉焉)及德行、仁爱、智慧、正义、谦逊、和谐、忠直、真诚美之外，翡翠还重点突出了色彩美、造型美、材质美、含蓄美、神秘美、稀少美等。翡翠生命般的绿色还是一种物质形态，人们欣赏美的核心是追求一种精神质量。天下美玉皆有，但翡翠艺术品的气质美和神韵美唯我国独有，给我们创造了精神与物质上的巨大财富。

5.代表财富。

目前，越来越多的人开始把拥有翡翠艺术品及其他收藏品作为成功的一种标志，精神上得到极大的满足。翡翠拥有了象征着身份、地位、形象的价值。翡翠艺术品在世界级的大拍卖行，几千万元一对的翡翠手环，几百万元一枚的翡翠戒指，都成为抢手货。

6.代表着一种精神。

翡翠的绿是大自然的主色调，人们喜欢翡翠并非是一种欲望，而是一种精神情调，因为在翡翠身上带有一种天然的中华民族的精神——战胜困难勇往直前的精神财富。

翡翠三彩手镯，形状内方外圆为扁框，种水色具全，由翠绿、黄及白色翡翠组成，绿色占整个手镯的三分之二强，内径5.7cm。2002年价45万元。

第一篇 翡翠之路

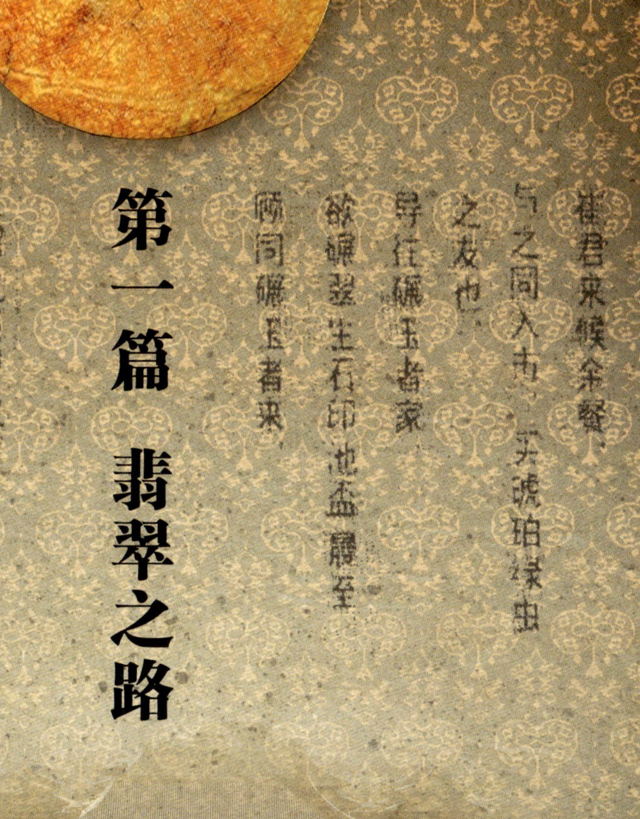

一 翡翠的发现与使用

西南丝绸之路据估计早在公元前8世纪就已存在，公元前4世纪就已十分繁荣,比北方丝绸之路要早几百年。从成都经大理或昆明、保山、腾冲到缅甸、尼泊尔、印度、阿富汗等国家，古称“蜀身毒道”。其中经过滇西一段，在汉代时扩建，称“博南道”。缅北地区在元、明及清朝前期属腾越府管辖。在宋元时期就有几次大规模征战，历史上称“元朝开滇”。

据英人伯琅氏云：缅北翡翠于13世纪为云南托夫所发现。至元二十年(1283)，诸王“相吾荅儿”攻缅,下太公城,得珍珠珊瑚绣七宝束带无数。元大德中期，云南平章薛超兀儿率官军一万两千人，大胜而归。所指珠宝是否有翡翠还须进一步考证。伯琅氏所指正是此时。

红山文化玉龙。

腾冲华侨先辈尹子章、尹子鉴的《艺草合编》云:缅甸玉石(翡翠)于公元1443年为当地土人从河中发现，后来华人也先后发现了几处玉矿，遂取之，拿到三亚拱(密支那)与腾越边民交易。说明明正统年间(1436~1449)腾冲人即在孟拱所属野山人(帕岗)设厂开采翡翠了,当时腾冲为珠宝翡翠的集散地，玉雕及琥珀雕刻传统工艺已很发达。

据史书考证，在此之前的明永乐年间，1403年前后，明朝社会稳定，经济繁荣，对周边地区进行大规模扩张。在此基础上明朝在正统年间大力开拓云南边疆，对腾越以西地区进行了历史上最大规模的开拓,称“三征麓川”后，腾冲及以西地区得以大力开发，并于公元1448年初建腾冲石城。

明末大旅行家徐霞客游腾冲时(1638~1639)，腾冲

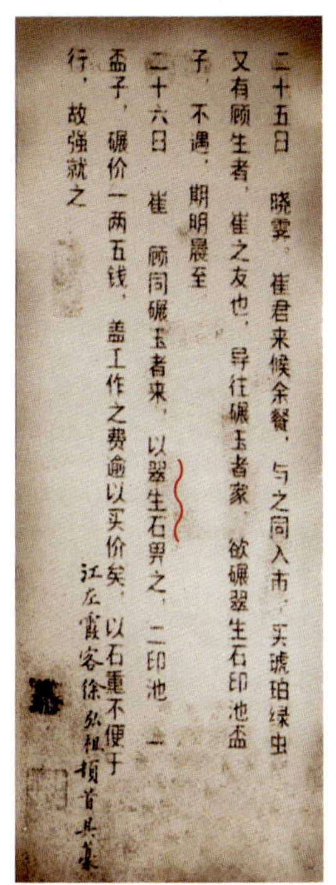
二十五日，晓雾。崔君来候余餐，与之同入市，买琥珀绿虫
又有顾生者，崔之友也，导往碾玉者家，欲碾翠生石印池盃
子，不遇，期明晨至。
二十六日，崔、顾同碾玉者来，以翠生石畀之，二印池一
盃子，碾价一两五钱，盖工作之费逾以买价矣，以石重不便于
行，故强就之。
江左霞客徐弘祖顿首具稿

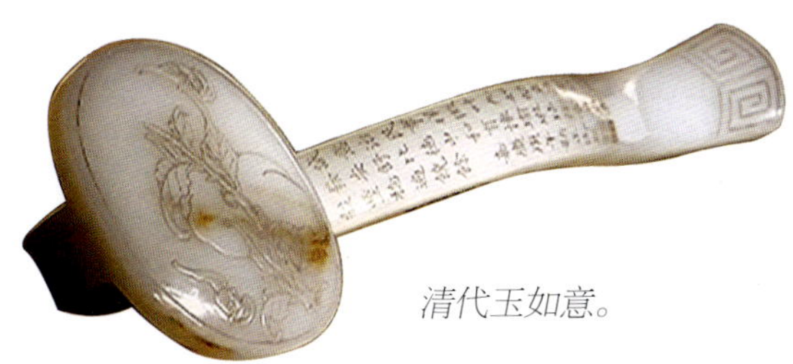
清代玉如意。

已是一座翡翠加工业及各种贸易十分发达繁荣的城市了。在他的游记中已有详细记录，并称翡翠为翠生石。

翡翠从明初被发现，直到清乾隆以后翡翠饰品进入宫廷前，翡翠饰物在云南及西南各省流行了近四百年的时间，才成为皇室饰品走入富贵，到20世纪初才逐步进入百姓家。从以上考证看，翡翠的发现、使用已有近六百年的历史。

但从我国历年考古发现方面来看，发现了自周朝以来不多见的翡翠饰物。如周朝翡翠刀柄及翡翠坠，汉代中山靖王刘胜墓中发现的翡翠饰物以及清朝定陵出土文物中的一未琢完的翡翠如意等。说明我国自周朝以来，社会生活中均有翡翠饰物出现。但除定陵出土翡翠如意外，已发现的翡翠饰品所用材料，均不属缅甸所产翡翠，极有可能为俄罗斯及哈萨克斯坦所产，通过北方古丝绸之路过来，以及日本产翡翠通过海上及朝鲜进入中国内地。从加工饰纹看为我国内地加工制作而成。

新石器玉璧。

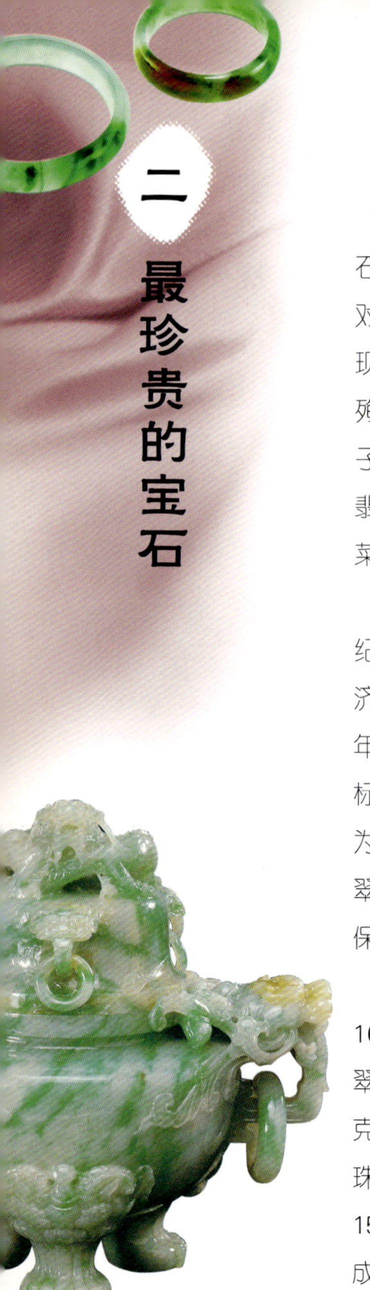

二 最珍贵的宝石

翡翠为世界著名七大宝石之一，玉石之首，被称为“东方瑰宝”。一粒完美的翡翠戒指，往往超过全美钻石的价值。在华人及东方民族中，对翡翠的热情往往比对其他有色宝石要高。它是财富的象征，自我价值的体现，具有最大的投资性及增值性。据传，慈禧死后为之殉葬的珠宝中有很多翡翠制品，如翡翠西瓜、翡翠桃子、翡翠白菜、翡翠荷叶等，还有20多尊翡翠佛。这些翡翠制品雕琢精致，巧夺天工，据说光是两件翡翠白菜，当时价值一千万两白银。

从20世纪起，全球华人经济已成规模，加上20世纪中期中国经济的崛起，促成以中国为中心的华人经济圈的形成，也促使翡翠价格急速上升了千倍。1985年，香港世界级拍卖行，首次对翡翠艺术品进行拍卖，标志着翡翠走向世界，并创造了极高的价值，几乎被作为收藏保值与增值的主要手段。虽然因近年来特级翡翠原料产量稀少，而在世界经济不景气的今天，它依然保持增值。

1989年，香港佳士德拍卖行拍卖一只香炉，高160mm，标价300万港币；1996年佳士德拍卖一个翡翠蛋面戒面，为15.5mm×13mm×6.3mm，重10.98克拉，成交价为387万港币；1997年佳士德拍卖翡翠珠链，上配一颗重10克拉的钻石链扣，翡翠珠直径在15.2mm~15.9mm，估价4000万港币，以7262万元港币成交等。

香港与内地拍卖行在翡翠拍卖标价中，据统计超过300万元以上的艺术品，近二十年中不下500件，可想翡翠在人们心中的价值。

历史上，管辖帕岗翡翠产地的是缅北翡翠的聚集地孟拱城，它是通往缅甸八莫及中国腾冲的必经之地。孟拱距帕岗128公里，距曼德勒592公里，距密支那只有48公里，位于缅北翡翠产地之南的平原上。

孟拱是“滇省藩篱”封赠的土司地，历史上第一个土司珊龙帕在公元1215年的元朝时，受封土司，管理翡翠产地帕岗及缅北广大地区。随着大批边民，军人及其家属以及当地富商、土司、头人移往孟拱，开发缅北地区，并随着对翡翠的逐步认识，把翡翠当成贡品是十分合情合理的事了。自元代开滇以来，翡翠逐渐为更多的人所认识，故有“玉产云南”，“腾冲出碧玉”之说。1885年英军侵入缅甸后，将孟拱划入缅甸，故翡翠产于缅甸已成定论。

缅北地广人稀，生产原始落后，难于管理。由于英殖民者对翡翠的认识局限，管理不了复杂异常的玉石矿山，就采用包税办法，将矿山的税收采用招商投标的方式——“岗税”，一次三年，自负盈亏。税收按估价的10%抽取，当时中标者全为云南人。

抗日战争时期，通往印度（史迪威公路）及其他地区战略公路的修通，帕岗玉石产量逐渐增大，帕岗取代了孟拱，但由于日军占领了缅北使翡翠生产几乎停顿。

缅甸独立后，华人仍有翡翠开采权，产品经销国内外。1966年缅甸政府把玉石矿山收为国有，不再允许私人开采经营，从此翡翠产量大幅下降，但民间通过各种手段，大量玉石从陆路运往泰国及中国云南省。

帕岗城位于缅北山涧盆地中，沿雾露河两岸分布，两岸山丘上及河床两侧布满挖玉坑场。帕岗常住本地居民大约四万余人，多为中缅混血人种和克钦族（景颇族）。帕岗为历史上最早发现翡翠的地方，于明朝中期开采已具规模，在缅甸的旱季，外来淘玉的人可达三十万人之众。人人都想碰碰运气，品尝一夜暴富的滋味，以改变命运。

帕岗地区翡翠产量占整个缅甸产量的90%左右，年产量可达300吨~500吨，最高可突破1000吨，且质量最好，产出各种翡翠品种，素有“翡翠之乡”的美名。市民大多采玉、制玉、卖玉及贩运玉石，服务性行业十分发达。

20世纪90年代前，大多为人工开采，采用人挑、人背的人海战术。许多人为挖玉而亡，很多中小型玉矿老板破产。20世纪90年代后，进行现代化开采。一座露天采场竟有几十台上百万人民币的挖掘机在运作，开采深度达100米以下。雾露河之上，垂直井已挖到河床下150米。利润巨大。

“铁龙生”翡翠。

四 腾冲与翡翠业的发展

腾冲，早在四五千年前就有人类在此繁衍生息，近3000年来，内地丝绸、布匹、瓷器、盐巴及铜器等通过腾冲销往中亚、南亚各国，而印度、缅甸所产的棉花、珠宝、犀牛角、象牙、孔雀翎及各地特产又经腾冲流转内地。汉代，司马迁在《史记》中记录着公元前122年汉武帝派张骞寻求此道的史实：张骞当年在大夏（今阿富汗）时就在集市上见有蜀地产品，并推测可能存在一条四川通往印度的民间商道，并建议开拓此道。

明朝中叶，朝廷派太监驻守腾冲，专门采购珠宝翡翠，供朝廷享用及赠赏达官显贵。当时腾冲到密支那一线，已有"玉石路"、"宝井路"的称谓。清代乾隆、嘉庆时期，玉商及玉石工匠已组织了"宝货行"公会，清道光元年（1821）捐资建盖了"白玉真人"祖师殿。清乾隆年代，已有昆明、四川、贵州、上海、广东的商人，到腾冲购买玉石，并将外地的玉雕技术带到了腾冲。此时腾冲的玉雕作坊逐渐增加，而城外农村的小西乡、打苴乡也出现了"半工半农"的玉作坊，所有商号都以经营玉石及棉花为大宗。

清朝乾隆以前，翡翠饰物已在云南制作使用，后来扩大到四川、贵州。由于翡翠当时没有被中原及沿海民众认识，加上通往内地的道路险恶，山高林密，瘴气横生，给翡翠进入内地带来极大的困难。故当时翡翠产量决定于滇省本土要求，但民间交易很大。到清乾隆继位时（1736），清朝国力已达极盛，由于乾隆嗜玉成癖，才使需求增加，产量大增。

据《中国玉雕》沈追鲁著说：自清乾隆二十五年至

乾隆鉴玉图。

嘉庆十七年（1760～1812）的52年间，这一阶段玉器的宫廷风格大有发展。制作了不少精湛大件玉器，成为清代玉器的一个丰碑，在中国玉器工艺史上也占有重要地位。

由于乾隆帝对玉的喜好，一登基就建立“玉作”的宫廷作坊，使翡翠和白玉一起进入皇族国亲的上流社会，又逐步流入民间。这一翡翠上上下下的经历，与云南翡翠业的发展历史是相吻合的。

从明朝开始，翡翠通过缅甸帕岗从水陆运经八莫，再由陆路运到腾冲加工集散。由于此道不便，清朝中期，翡翠交易市场才逐渐北移孟拱与帕岗。这时的孟拱与帕岗，翡翠交易已相当繁荣。后来在缅王明当王执政时（1800），制定一系列开发政策，促进中缅贸易，于公元1806年扩大了孟拱与帕岗的翡翠市场，并设立了税局，派军队保护商民，使翡翠业更加迅速兴旺起来。吸引了大批云南及沿海各地移民和商人，到帕岗挖玉、购玉，致使孟拱、帕岗两地华人数量激增数万人之多，加快了此地的开发。

中英鸦片战争爆发，翡翠矿山停产，以抗议英军入侵罪行，部分华侨玉商退出矿山，使原来热闹非凡的帕岗失去了往日的辉煌。公元1860年，中英关系有所改变，翡翠生产才得以恢复。

清中期至民初，是翡翠生产加工史上首次大发展的时期。翡翠产量急剧上升，加工量大增。这时腾冲的翡翠工艺已十分精湛，工艺品十分精致。如清嘉庆年间，腾冲知州伊里布请人雕琢的一只翡翠鹦鹉链座，其内的绿、红、白、蓝各色用到极致，巧夺天工。20世纪有专家研究认为，慈禧之殉葬品中的众多翡翠制品，极可能出自腾冲艺人之手。这种推测也不是没有道理的。

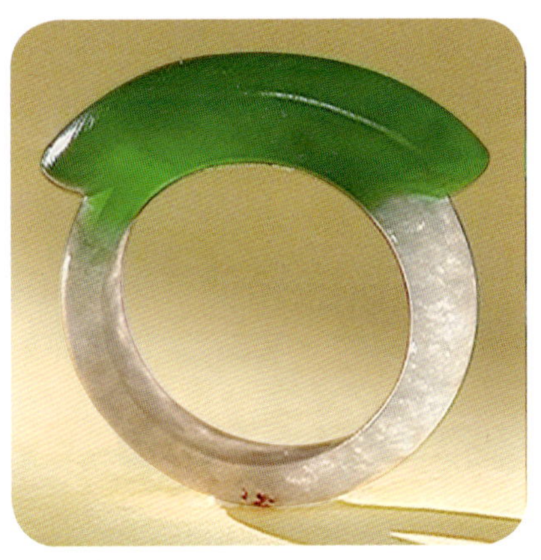

清代翡翠首饰。

据当时海关记录，清光绪二十八年（1902）翡翠进口为271担（每担100老斤，每老斤为16两）；1906年为216担；1915年为628担；1917年为801担；1925年为375担；1931年为182担。从八莫、孟拱到腾冲的驿道上，经常有7000到1万头马匹运送翡翠及其他货物。可想

昔日腾冲“翡翠”城——文星楼。

清代满绿翡翠吊坠，翠绿玻璃底之完美翡翠饰品，为腾冲民间收藏，购于腾冲石龙商号，1992年收购价2.6万元。

当年之繁荣景象。

民国初年，腾冲玉雕作坊达100多家，城乡玉石加工户达2000多户，工匠达3000多人。有专做翡翠的商行41家。街天（五天一街）翡翠交易额达云南币“半开”3000元以上。那时腾冲著名商号有：宝益茂的龚子俊、翠美和的朱克家、翠华峰的官正域等。腾冲沦陷（抗日战争）前的珠宝行，店铺多集中在百宝街，当时加工业很兴旺。

民国二十一至三十一年（1932~1942），因日本侵略中国，翡翠加工业很快衰退。腾冲沦陷前夕，玉雕作坊减至40家。抗日战争胜利后，百废待兴，玉雕作坊更加衰落。新中国成立后，因各种原因，1949~1978年，中缅贸易停止。这个时期，翡翠加工户60余户，因当时已无内地沿海商人到腾冲购玉，玉匠及玉商找不到出路，大多转了行。

中共十一届三中全会以后，中国实行改革开放政策，给腾冲及整个中国的珠宝翡翠带来了生机。特别是1985年后，腾冲全县经营翡翠的商号达200多家，形成街街有厂，家家做玉。每天来腾冲购玉者多达千人。但在20世纪90年代中期后，珠宝翡翠市场很快就发生了变化，云南珠宝翡翠企业、商人没能抓住商机，加之各级政府重视不够，又使腾冲珠宝业陷入困境。目前，腾冲只是一些资金不大，小厂小店的翡翠零售而已，而所卖饰品大多从广东、瑞丽进货。

自20世纪50年代以来，在腾冲大街小巷，凡施工动土都会挖出各历史时期大小的翡翠原石及玉件，真可谓“挖地一尺必得玉”，这从一方面证实了腾冲作为历史上翡翠集散地的盛况。例如当年，腾冲县外贸局封存了几朝遗留翡翠边角料，堆积了几大仓库，每箱50千克。80年代初以每箱七元的价格出售给沿海各省市。边角料有色有水，蚕豆大小一块角料做成饰品后，为一箱成本的上百倍。由此一个小事可想见当年腾冲翡翠加工业的历史和规模情况。

深绿色雕花扳指套件，种老、色浓仿古件。最大者内径5.2cm，雕工精美，设计巧妙，为不可多得之藏品。2002年价45万元。

五 翡翠集货现状

几百年来，在历史上腾冲一直是翡翠原料的唯一集散地，通过腾冲进入中国内地及东南亚。

解放初期从云南逃往缅甸的原国民党将领李弥一部，在缅、泰、老三角地带建立逃亡基地。为了解决军饷问题，派军队上帕岗挖玉、售玉以及派兵贩玉、护玉，用枪杆子打出了一条通往泰国的通道，致使20世纪50年代以后，翡翠原料大量涌进泰国。因为经营翡翠及珠宝，使泰国边境上的一个小村庄清迈，在十多年的时间里，变为泰国第二大城市。这三十年内（1949~1978），翡翠的集散地南移泰国清迈。

1978年，中共十一届三中全会后，中国实行改革开放政策，社会经济迅速发展，再因为清迈路途遥远，距产地2400公里，军阀割据，劫匪横行，使翡翠集散地一度东移滇西边境各县，但都以中低档次为主，有少数高档翡翠原料。而清迈一直经营着高档翡翠原料，售往中国香港、台湾等地。

20世纪90年代初，缅甸政府实行多民族团结的开明国策，随着国家的统一，允许私人经营开发翡翠珠宝业，而多年在首都仰光开展的珠宝拍卖会，吸引了全世界珠宝企业前往采购，很快形成了以缅甸仰光、曼德勒为主的翡翠原料交易中心。

而翡翠饰品、工艺品的批发交易市场，则以广东广州揭阳为中心。通过改革开放以来的经济发展，广东翡翠珠宝业早已完成了资金的原始积累阶段，进入了扩大占领市场的发展时期。缅甸玉商看准时机，通过中国香港把大量翡翠原料运往广东。全无税收，买卖自由，价格合理，送货上门。再加上珠江三角洲工业发达资金雄厚，现代化大规模大批量多品种的生产加工，很快使广东翡翠饰品占据中国绝大部分市场及东南亚市场，云南本土翡翠加工饰品在整个珠宝翡翠市场上的产量和影响微乎其微。

翡翠市场的变化是残酷的，都是从经济不发达地区向最发达地区转移的。

18K白金镶翡翠（铁龙生）戒指，翠绿艳丽，高贵荣华，直径2.0cm，由10粒马眼形翡翠围镶。2005年价2.6万元。

翡翠的赏心悦目，

使人产生一股大自然的精气，

使您忘记生活中的不悦……

笔者经过长期的实践和总结，系统研究了翡翠的方方面面，在本文中比较完整地阐述了翡翠的基本性质，包括翡翠的基础知识、翡翠的术语、翡翠的地质认识、翡翠的颜色、翡翠的评价、翡翠的市场以及有关翡翠的文化、艺术和学习，研究翡翠的一些常识性的东西。

玻璃底金丝绿手镯。
2003年左件价20万元，右件价15万元。

第二篇
摩依识翠

一 基础识翠

作者赌涨之翡翠，重6公两，高翠，高档戒面用料。

1.什么叫硬玉？

硬玉是一种矿物的名称，相对软玉而言。硬玉，泛指一切带颜色的不同质量(档次)的辉石族中纤维状纳铝硅酸盐的矿物集合体。构成硬玉的三种主要物质组分为：SiO_2、Al_2O_3、Na_2O，其理论含量值：SiO_2为59.44%；Al_2O_3为25.22%；Na_2O为15.34%。硬玉的硬度：6.5~7；相对密度：3.33左右；折射率：1.66，韧性很强，破碎表面能为$1.21\times10^{-2}J/cm^2$，破碎韧度为$7.1\times10^3N/cm^2$。

2.什么叫翡翠？

从广义上讲，翡翠是具有商业价值、达到宝石级硬玉岩的商业名称，是各种颜色的宝石级硬玉岩的总称。

狭义的翡翠是单指绿色的宝石级硬玉岩。

地质学称翡翠为以硬玉矿物为主要矿物组成并含有其他辉石类矿物的集合体，以铬元素为致色离子的硬玉岩。达到宝石级的翡翠，在化学成分上，非常接近硬玉矿物的理论值。

高档翡翠如意吊牌。

3.什么叫翡翠的种？翡翠的结构与构造——（种）对翡翠质量的影响有那些？

翡翠的种指翡翠的结构与构造，它是衡量翡翠质量的重要标志之一。新“种”也称新坑、新厂等的翡翠，其质地疏松，粒度较粗且粒级不均，杂质矿物含量较多，裂隙及微裂隙较为发育，透明度(水)较差，相对密度和硬度均有降低；老“种”也称老坑、老厂等的翡翠，其结构细腻致密，粒度微细均匀，微裂隙不发育，它的硬度和相对密度最高，是质量较好的翡翠。但透明度(水)不一定都好。新种翡翠是制作翡翠B货的原料。新老种翡翠介于新种与老种翡翠之间，是残积在山坡原地，未经自然搬运或短距离自然搬运的翡翠。

结构是指组成岩石的矿物的结晶程度、颗粒大小、晶体形态以及它们之间相互关系的特征。构造是指岩石中不同矿物集合体之间或与岩石其他组成部分之间的排列方式及充填方式所表现出来的特点。

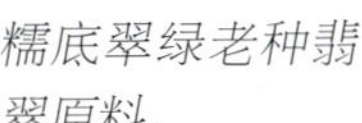

糯底翠绿老种翡翠原料。

翡翠手镯。2005年价80万元。

翡翠的构造主要指翡翠内的裂隙、微裂隙及后期又复合的原生裂隙的发育程度。它对翡翠质量有很大影响。翡翠的结构与构造就是我们常说的翡翠的“种”。

翡翠主要是变质作用下形成的矿物，与原岩的物质成分、结构构造有关，同时又与变质作用过程中的温度、压力、溶液性质及应力有关。结构、构造对翡翠的影响如下：

①矿物颗粒大小及均匀程度对翡翠“种”、“水”的影响：变质重结晶形成的结构，是翡翠最重要的结构，对翡翠质量有重大影响。硬玉矿物粒度越细，表现在翡翠的种就“老”，透明度（水）就会好。只考虑粒度大小而论，均匀粒度在0.1mm时，大多为老种且透明，在0.1mm~0.5mm时，多为老种或新老种，大多为半透明，当粒度大于0.5mm时，多为新老种或新种，透明度很差或不透明。另外翡翠粒度大小均匀排列有序者，种老水好，表现在翡翠上的绿色，非常具有灵气和宝光，不呆板。翡翠粒度大小悬殊者，表现翡翠质地疏松，透明度差，多为新种翡翠，如斑状结构。

②翠性的影响：翠性是指翡翠晶体解理面的反光，是翡翠的主要标志之一。翠性大，说明翡翠的颗粒粗。当翡翠的平均粒度在0.2mm时，肉眼观察不到翠性；在0.2mm~0.35mm时，十倍放大镜观察则翠性明显；大于0.35mm时，肉眼可明显见到翠性。当肉眼明显观察到翠性时，一般来讲就为新种或新老种翡翠，而且透明度差。

③矿物形态的影响：翡翠在硬玉中的形态，主要以粒状和柱状为主。粒状结构取决于翡翠粒度和晶体间的排列方式，粒度越细越接近于平行变晶结构，翡翠的种越老，透明度越好。当粒状和柱状结构在翡翠内并存时，硬玉间光率体方位很难取向一致，会产生相互抵消的光学效应，影响透明度。但对种的影响不大，同时也要看翡翠粒度大小均匀程度及粒度之间的紧密程度。

④交代结构的影响：硬玉交代钠长石，残留少量的钠长石有利提高翡翠的透明度，同时也影响翡翠的密度、硬度及折射率，使种变新。

⑤碎裂结构的影响：碎裂结

全绿翡翠。

紫罗兰翡翠手镯。

翡翠挂饰(鸿运当头)。

墨玉挂饰。

构无论发育程度如何，都会影响翡翠的机械强度和透明度，使翡翠的结构变得疏松易裂。但糜棱化产生的结构，由于使翡翠颗粒进一步变细和定向，可使翡翠的种变得非常老，质地非常好。加之糜棱化过程中Cr^{3+}离子会被活化，进入翡翠的晶格并均匀分布在晶格间，会使翡翠的绿十分艳丽均匀，光泽温润。

⑥裂隙，微裂隙的影响：任何裂隙、微裂隙都会严重影响翡翠的强度及透明度，翡翠饰品由眼睛和十倍放大镜下观看，不能见任何裂隙及微裂隙的。

⑦后期复合裂隙（绺）的影响：绺严重影响翡翠的美观及透明度，并影响它的价值。

4.什么叫翡翠的底?

“底”的含义是翡翠的绿色部分及绿色以外部分的干净程度，是与水(透明度)及颜色之间的协调程度以及“种”、“水”和“色”之间相互映衬的关系。民间称“底”为“地张”或“底障”等。翠与翠外部分协调，如:翠好，必须是翠及翠外部分水好才能映衬协调;若翠很好，但翠外部分水差，杂质脏色多，称色好"底"差。"翠"与"水"、"种"要协调，如"种"老色很好，水又好，杂质脏色少，相互衬托，强烈映衬出翡翠的艳丽、润亮及价值来。"底"的结构应细腻，色调应均匀，杂质脏色少，有一定的透明度，互相映衬才能称"底"好。好的"底"主要有玻璃底、糯化底和蛋清底。不好的"底"主要有石灰底、狗屎底等。水不好的翡翠称"底干"。

翡翠壶摆件。此作品采用了镂空超薄雕手法，以简俊、豪放流畅的刀法，刻画了这件艺术品的精与细、多层次和薄而巧。使一块一般的翡翠原料，就因构思新颖，格调高古，巧夺天工，增值百倍。

玻璃底翡翠。

5.什么叫翡翠的水?影响翡翠透明度的因素有哪些?

翡翠的水是指它的透明度，也称水头。翡翠的水与翡翠的结构构造有关，也就是与"种"有关，还与杂质的含量有关。那些"种"老、杂质少、粒度大小均匀、纯净度高的翡翠，水就好。

①结构对翡翠透明度的影响：结构是指组成岩石的矿物的结晶程度，是影响翡翠透明度的主要原因之一。即指翡翠的颗粒大小，颗粒大小的均匀程度以及翡翠的结晶形

玻璃底与冰底相间出现的老玉翡翠手镯。

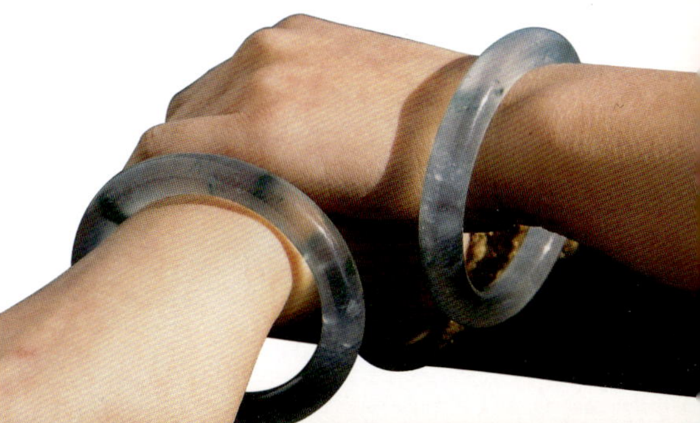

摩休识翠

玻璃底老种翡翠摆件。

态。翡翠矿物粒度细小均匀，透明度就高，否则就低；粒度越细，越接近平行变晶结构，透明度越好。翡翠为硬玉集合体，它的透明度是差于单晶矿物宝石的。这是因为入射光在硬玉集合体颗粒边缘发生折射、散射，使部分入射光损失而造成翡翠透明度降低的原因。它主要受硬玉粒度、颗粒边缘形态、颗粒边缘结合方式等的影响。

②构造对翡翠透明度的影响：翡翠矿物分布均匀且粒度大小分布均匀透明度好。有裂隙发育且有后期矿物充填的，影响翡翠的透明度。

③杂质元素及包裹体对翡翠透明度的影响：翡翠内杂质微量元素，如铁、锰、铬元素及金属矿物包裹体等对翡翠透明度影响很大。

④杂质矿物对翡翠透明度的影响：组成翡翠的硬玉集合体越单纯洁净，透明度越高。而含有较多非硬玉矿物，如角闪石、沸石、绿辉石等矿物时透明度就差。

⑤颜色对翡翠透明度的影响：颜色越深透明度越差，这是颜色的成因而决定的。在晶体场中不同能级的电子跃迁，可产生不同的颜色，而参与同一能级跃迁的电子数的多少则决定颜色的深浅。参与同一能级跃迁电子数越多，对入射光能量消耗越大，翡翠的颜色就越深，相对的透明度就越低。

⑥厚度对翡翠透明度的影响：同一块翡翠因厚度不同而表现的透明度也不同，厚度越大透明度越差。这是因为随着厚度的增加，光在翡翠中穿越的路线变长，翡翠对光的吸收增多，入射光的光能耗过大，减小了翡翠的透明度。翡翠的厚度一般要大于6mm，才具抗破碎能力，故翡翠饰品厚度达6mm时，透明度就显得特别重要。

分析影响翡翠透明度：在影响翡翠透明度的许多因素中，宝玉石

翡翠玻璃底观音挂饰。

各种档次的翡翠原料。

的内部晶体结构与构造无法改变，其结晶类型也是无法改造的。

改善翡翠珠宝透明度的方法，就是除去翡翠内部的杂质元素和杂质矿物及包裹体，另外，就是用厚度来调节翡翠的透明度。但是应在不破坏翡翠内部结构构造的情况下进行，才会得到消费者的认可，用厚度调节翡翠的透明度又受翡翠绿色形状的影响，都要受许多条件的限制。

大件褐皮黄雾、绿翠丝翡翠原料，老种底干净，无裂隙。

6.什么叫翡翠的雾?

翡翠的雾是指翡翠的皮(已风化或氧化)与翡翠内部(未风化或氧化)之间的一种微风化半氧化的硬玉层。实质上，它也是翡翠的一部分，是从风化壳到未风化的肉(翡翠内部)之间的一个过渡带。雾的存在和颜色能说明翡翠内部杂质多少，“种”是老还是新，透明度的好坏及内部的干净程度等，但它不能说明其内是否有绿，因为雾与绿无关。雾的颜色分为白、黄、红、灰、黑等。如把外皮磨去，露出淡浅的白色称白雾，说明其内杂质少，“底”干净，有一定的透明度。白雾也说明“种”老，一般人都喜欢赌白雾，若白雾之下有绿，就是非常纯净的翠绿，与底互相搭配，价值连城。黄雾显示肉(翡翠内部)内的铁元素和其他元素正在渐渐氧化，但还没有严重氧化。若为纯净的淡黄色的雾，显示杂质元素少，常出现高翠，但有时因铁离子产生的蓝色或绿色色调进入翡翠的晶格，可能会出现微偏蓝绿色调的绿。红雾说明其内所含铁元素已严重氧化，可能表示翡翠内部出现灰“地”。黑雾主要为大量杂质元素氧化所致，显示翡翠内部杂质多，透明度差。个别黑雾也会出现高翠，但有时“水”很差。

并非所有翡翠均出现雾，有些玉石场所产翡翠并无雾。一般来讲，能出现雾的翡翠原料多产于老厂及新老厂的矿山上。

7.什么叫翡翠的癣？

癣是指翡翠表皮或内部见有黑灰色或黑色的斑块、条带等，癣的形状大小各异。这些黑色癣的主要矿物为角闪石、蓝闪石、铬铁矿及一些氧化物等，因为这些黑色矿物与致色的铬离子有亲缘关系，以及黑色矿物——癣内的铬铁矿源源不断地释放出致色铬离子，在适当的条件下使翡翠致绿，故癣与翡翠的绿色关系密切。民间称“黑随绿走”、“癣吃绿”等，但有癣不一定有绿，有绿不一定有癣，要看癣的生成环境与时间，与癣内是否有铬

翠绿翡翠手镯，2004年价60万元。

大件翡翠原料，呈现癣。

含致色元素铬较高、呈深绿色和黑色斑块的翡翠原料。

元素的存在等因素也有密切关系，故民间又有“死癣”与“活癣”之说。在生成翡翠的过程中及以后的多次的热液活动和地质运动中，有铬元素释放的地质环境，从而形成绿色的翡翠。若癣与翡翠共生，有利于铬元素的释放，在癣内不断释放致色；当地质环境改变，不利于铬元素释放致色时，终止致色，就会产生黑随绿走的现象，称“活癣”。形成翡翠以后，产生的癣，没有铬元素释放的地质条件所产生的癣，称“死癣”。根据翡翠原料上的绿与癣、小构造与癣、翡翠矿物与癣的穿插关系，可准确判断“活癣”与“死癣”。癣与绿之间的关系可分为：癣与绿相互包容不易分离；癣与绿逐步过渡或界域分明;绿与癣相隔一段距离、各方单独存在三种类型。有时癣旁有“松花”显示，这指示其内部有绿，但有多少，及绿色的形状无法判断。

高档翡翠原料，见蟒带。

8.什么叫翡翠的蟒?

在翡翠原料的表皮上，可见与表皮一样或深或浅颜色的风化、半风化沙粒呈带状、环状、块状等有规律、方向性的排列现象，表明原石局部受到方向性的动力变质与热液蚀变等作用的共同强烈影响，使其内部有可能使铬元素释放而致色。有蟒带的地方不一定有绿。只有“松花”的出现，才能说明其内可能有绿。有蟒说明“种”老。蟒带一般平行绿色的走向，绿的走向(脉)或称绿的形状，大多为原生裂隙充填了铬离子而致色。

9.什么叫翡翠松花?

翡翠表皮隐约可见的一些像干了的苔藓一样的团块、斑块、条带状物，称“松花”。它是指原来翡翠原料上的绿，风化后渐渐失色留下的痕迹。根据松花颜色的深浅、形状、走向、多寡、疏密程度，可推断其内绿色的深浅、走向、大小、形状等。观察时要上水于原料上，进行仔细研究。

表皮见松花的翡翠原料。

10.什么叫翡翠的绺?

翡翠的绺也称裂绺：裂开的称裂，复合或充填了物质的称绺。在原石上那些低凹部分就是裂绺存在的部位。裂绺分为原生裂绺，即与原石同时生成；后期裂绺，即成岩后生成的。原生裂绺有些已被后期热液活动修复，有些其内充填了后期矿物。后期裂绺大多肉眼明显可见，对翡翠原石整体性破坏很大。裂绺可分大裂绺、小绺、井字绺、细绺等。有些裂绺会把绿色条带切断、错位。有些绿色条带本身就是裂绺，后被绿色充填了的。评价时，要根据裂绺的分布以及频率进行评价。

高档翡翠原料，重4.7千克，于1989年6月购于畹町，翠多而艳，但种稍嫩，可做手镯、戒面及挂饰，做成成品后增值5倍多。价290万。

11.什么叫翡翠的白棉?

白棉是指翡翠内部斑块状、条带状、丝状、波纹状的半透明、微透明的白色矿物。白色矿物的主要成分为纳长石，次为霞石、方沸石以及一些气液态包体等，是翡翠内的杂质，严重影响翡翠的质量与美观。它的存在将大大影响翡翠的价格。还有绿与绿之间的白棉，也可能是硬玉本身，这主要由于绿色分布不均匀而造成的。

玻璃底翠绿翡翠片料。

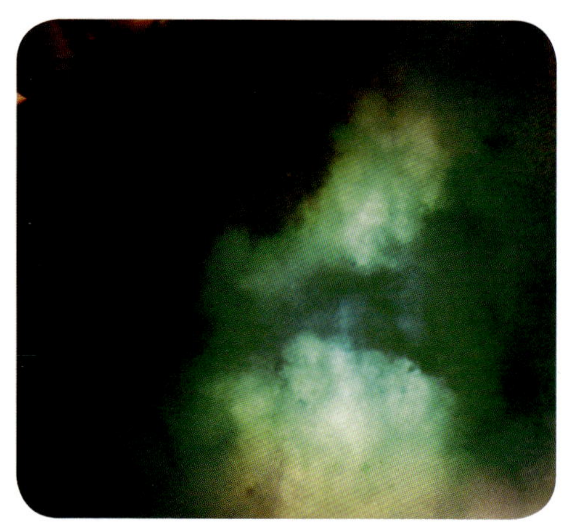

12.什么叫翡翠的皮?

绝大多数翡翠原料均有皮，特级翡翠也有皮。翡翠的皮是翡翠原石在搬运过程中的风化作用而形成。皮的颜色有：黑、灰、黄、褐、浅黄、白等，皮色的形成是两种地质作用的综合，即由翡翠外部氧化作用使铁的氢氧化物渗透到翡翠皮面的细小微裂隙中，再与翡翠的皮表下的杂质元素相互作用后的结果。根据皮的颜色、致密程度、光润度、凸凹度，大致可估计出翡翠原料内部的色彩、水头好坏、底的好坏、种的老嫩及裂绺的多少。如皮上表现致密细润，通常显示其内部透明度较好，杂质少；皮表面表现为不明显之苔状物，常反映其内可能有绿；皮面凸凹不平粗糙显示其内裂绺多，质地疏松、水差。再如翡翠皮上颜色变化大，且有黑癣之类的条带斑块者，应注意有绿出现的可能。黑皮乌砂含铁等杂质很多，即使其内有绿，绝大多数也为偏蓝的绿。黄白沙皮上水后若手感细沙脱落者，一般水头足。褐色皮称为黄鳝皮，一般种很可能较差，若皮细嫩并见苔癣及黑色条带者，显示其内水好可能有高翠。翡翠的皮，学问很多，要综合判断估计其内情况。

黄褐皮，见高翠，种老水好，无裂纹杂质，是一件高档翡翠原料。

13.什么叫翡翠的翠性？

翠性也称“苍蝇翅膀”，是翡翠的特点之一，指组成翡翠的矿物晶面以及解理在翡翠表面的片状闪光。当组成翡翠的矿物颗粒粗大时，特别明显。若组成翡翠的矿物颗粒为显微粒状时，少见“翠性”，这是因为矿物晶面及解理太小所致。如老坑玻璃地的翡翠，肉眼难见“翠性”。

二 名词识翠

1.什么是砖头料、花牌料、色料?

砖头料，指一些透明度差、杂质多、有绿或无绿的翡翠原料。砖头料通常以公斤计价，只能做一般的旅游工艺品的低档原料。

花牌料，指一些点绿、花绿、有一定的水头或无绿，和水很好的中档翡翠原料。

色料，指高档及特高档的翡翠原料，能做高档戒指、手镯等饰品。有大块正绿的巨形翡翠原料也称色料。

砖头料、花牌料或色料在赌石切割的过程中会有变化，有时一块不显眼的砖头料，切开后出现团块状艳绿；有时一块色料看似很好，切开后不能做高档首饰，这也是常见的事情。

翡翠花牌料。

翡翠砖头料。

翡翠色料。

2.什么叫椿代彩?

椿，指紫红色的翡翠，紫色翡翠也称紫罗兰，彩代表纯正绿色，椿代彩是指一块翡翠上或一件翡翠首饰上有紫有绿。目前椿代彩的翡翠已十分稀少，在1991~1992年采出的高级凯苏原料上，见有紫有绿、水好的原料，但半年就挖完了。好的椿代彩翡翠价值很高。

椿带彩翡翠手镯，2002年价45万元。

3.什么叫五彩玉?

五彩玉就是在一块翡翠原料上或在翡翠饰品上有四种以上颜色称五彩玉，如绿、紫、红、蓝、白等。在评价时，除其他条件外，主要看绿色的多少及水的好坏，若绿占很大比例且水好，则此种五彩翡翠是非常值钱的。

三彩翡翠原料。

清代五彩玉笔洗，巧雕，种、水俱全。

八三玉。

4.什么叫八三玉?

八三玉是指1983年在缅甸翡翠产地出现的一种新厂翡翠，是一种水干、底差、结构疏松、组成矿物粒度粗大的一种最低档的砖头料，全部用来做翡翠的B货或染色翡翠，若不进行人工处理是毫无用处的翡翠原料。八三玉是翡翠的一个品种，其矿物成分及物理光学三要素均同于正常翡翠。因其结构疏松、结晶粗大故用酸处理后易增加它的透明度，并容易充胶填色，处理后水较好，变废为宝，价格低。

5.什么叫翡翠的A、B、C货?

(1)翡翠A货:为纯天然翡翠。只经过传统温和的表面酸或表面墩蜡处理，其翡翠的结构未受到腐蚀和破坏。

(2)翡翠B货:根据国家颁布的宝玉石标准(GB/T16552-1996;GB/T16553-1996)，优化翡翠是指在加工过程中，经过了酸漂白、墩蜡处理的翡翠。根据酸浸漂白的强弱，还可分为强腐蚀与弱腐蚀两种，强腐蚀优化翡翠相当于市场所称无胶B货，其内部已受到很大程度的破坏。充胶处理翡翠在加工过程中，经过了强酸腐蚀漂白、去劣存优处理，其翡翠内部结构受到严重破坏，然后注入增透固结的胶质聚合物填补，称充胶B货。不管优化翡翠还是充胶处理翡翠，实际上都应定为破坏性处理翡翠即B货。而弱腐蚀翡翠，因对其内部破坏性不大，应称优化翡翠。

充胶加色处理翡翠及无胶加色处理翡翠，通过酸浸漂白注胶或不注胶，并加入染色剂的翡翠饰品称B十C货。

(3)翡翠C货:为染色翡翠。不管酸浸漂白与否，充胶与否，凡人工加色的翡翠均称C货。

目前，翡翠处理的新动向是强酸处理后不充胶而充蜡，因为充蜡为优化，充胶为处理(B货)，钻空子。

另外，很早就有用偏铝硅酸纳充填翡翠，效果很好，目前尚无人知晓。还有用纳米级的铝质物或硅质物充填翡翠的，均称B货。

A货真品。

B+C货。

翡翠A货B货及C货常规鉴别表

种类	光泽	颜色	表面结构	气泡	杂质	导热性	密度
A货	表面反光强，为玻璃光泽。	颜色自然，有层次感，绿色呈矿物斑点及条带分布。	具有镶嵌、交织和定向性连接结构。	无气泡。	经放大观察，有时可见黄、褐、黑色杂质。	中等导热能力。	稍重。
B货	树脂光泽，无灵性。	过于鲜艳，颜色泛黄。	受强酸腐蚀，形成表面、内部的裂隙和表面水渠网，裂纹为锯齿状张裂纹。	边缘发现有气泡。	非常纯净洁白，无杂质。	导热能力差。	稍轻。
C货	----	绿色均匀分布在斑晶周围的纤维状小颗粒之间，呈细线状分布。	----	----	----	----	----

6.什么叫翡翠的物理光学三要素?

世界上所有的宝玉石,都有能说明其身份的数据,这些数据锁定了它们的身份,这就是它们的物理光学三要素——硬度、相对密度及折射率。世界上所有贵重宝玉石很少有相同的物理光学三要素。翡翠的硬度为6.5~7,相对密度为3.33,折射率为1.66。其次还可用韧性、解理、断口、颜色、色散、透明度、光泽和发光性等特征加以区分。

翡翠铁龙生。

7.什么叫铁龙生?

铁龙生主要指以铬为致色元素的正绿色、结构致密、水头差的一种翡翠,是富铬硬玉矿物集合体。矿物组成主要为硬玉,占95%以上,金属元素为铬、镁、钙、铁等。硬度、相对密度、折射率均与翡翠相同,实为翡翠的一个品种。当它的相对密度、硬度及折射率与翡翠不同时,说明其内部的其他矿物含量增多,已不属翡翠品种。古时已用它来做薄的饰品,十分美丽。

8.什么叫油清?

油清为一种质地细腻通透、色调暗如油的翡翠。分两种:其一为暗蓝色调,水很好,灯光下观察为蓝灰色调,不带绿色调;其二为蓝绿色调,灯光下为绿色调,水好。通过分析,前一种油清不含铬而含1%以上的Fe^{2+},后一种油清翡翠含微量铬及铁。

绿辉石(黑玉)挂饰。

另外,还有一种称油清的翡翠,它的色调同前面讲的油清一样为暗绿,水好,但硬度只有5.5~6,相对密

度、折射率均与翡翠差别很大，经研究其内主要含绿辉石，次为硬玉，不含铬，而含铁，应称绿辉石玉或称绿辉石翡翠。

非常罕见的翡翠龙种原料。

9.什么叫翡翠龙种或神种？

龙种或神种是指翡翠的绿色完全溶化于“底”内，绿色均匀，色“底”配合协调。色调不浓不谈，不见色根。从翡翠的“底”内显露出艳丽润亮的华贵美，是翡翠最高质量的品种。

作者设计的龙种翡翠苹果胸饰，价60万元，于1996年拍卖。

10.什么叫赌石？

赌石或赌货，是翡翠在开采出来时，有一层风化皮包裹着，无法知道其内的好坏，须切割后方能断定质量的翡翠。老厂产的翡翠都有皮，但产在河床中的翡翠水石也称老厂玉，皮很薄或无皮。新厂产的翡翠大多无皮，但产在坡积层内的有皮。皮的薄与厚主要取决于风化程度的高低，风化程度高，皮就厚。一块翡翠原料表皮有色，表面很好，在切第一刀时见了绿，但可能切第二刀时绿就没有了，这也是常

翡翠赌石。

有的事。离开翡翠矿山的赌石，赌涨的只占万分之一(指色料)，在翡翠矿山赌涨的几率要高得多。赌涨一玉，一夜暴富，但绝大多数以失败而告终。忠告玩玉者：赌石要慎重。

翡翠原料，见网状绿色条带及黑癣，为新老厂，种嫩。

11.什么叫翡翠的色根?

在一件全绿翡翠饰品上，见一点或一细条略深一些的绿，略深一些的绿色渐变过渡到相对而言较浅的绿色时，称色根。色根是判断翡翠绿色真伪的一个标志，但高档特级翡翠，绿非常均匀，没有深浅之分，是没有色根的，根多了还影响它的质量及价格，故在鉴定评价时应综合考虑。

翡翠开门子。

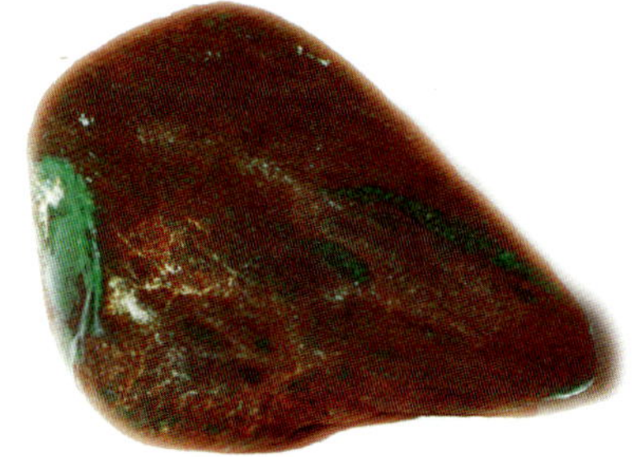

12.什么叫开门子、擦口?

开门子、擦口也称开天窗。因为翡翠原料是被一层皮包裹着，不知其内好坏，故需在原料上切割一片下来以供观察，称为开门子。擦口指在翡翠上用锉刀或砂条把皮擦掉，露出翡翠来，以供观察它的质量。但切口或擦口处，均为翡翠局部地段，不能说明翡翠的全部，有很大的风险性。从局部开口处来推测其内的好坏，是否有绿等，是一门很高的技术。

13.什么叫翡翠的场口?

场口就是翡翠的产地。缅甸翡翠产地也称矿区或场区，共分6个场区，每个场区又分许多场口。各个场区所产翡翠的外观、质量、颜色都有各自的特点。根据场区或场口所产翡翠的特殊性，来观察判断这块翡翠是否可赌。场区又分老场区、新场区及新老场区。6个场区分别为:

老场区(也称老坑、老厂):

(1) 帕岗场区:著名场口有灰卡、木那、大谷地、四通卡、帕岗等28个以上场口。

(2)大木坎场区:著名场口有大木坎、雀丙、黄巴等14个以上场口。

(3) 南奇场区:著名场口有南奇、莫罕等9个场口。

缅甸翡翠矿区，在铁矿山顶看，近为仙洞厂，中为帕岗厂，远处为龙坑。

（4）后江场区：著名场口有后江、雷打场、加莫、莫守郭等5个以上场口。

新场区（也称新坑、新厂）：

（5）新场区，著名场口有马萨厂、凯苏、度冒、乱目岗等11个以上场口。

新老场区（也称新老厂）：

（6）新老场区，著名场口有龙塘场口等。

新厂玉手镯。

玻璃底豆挂饰。

14.什么叫翡翠的新坑、老坑？

老坑也称老厂，新坑也称新厂或新厂玉等。在玉石矿山，通过洪水冲刷搬运后又沉积堆积下来的翡翠称老坑老厂，在矿山的原生翡翠一般称新坑新厂，而在原生矿以外的残积层称新老种等。肉眼可准确识别：老坑质量佳，新坑质量较差。

15.什么叫马来玉？

马来玉也称马来西亚玉、吕宋玉等，是一种人造仿翡翠制品，主要矿物为石英，为纯石英或石英晶体熔化后加入着色剂而制成。其硬度6.5~7.0，相对密度2.65，折射率

1.54。于1988年在泰国、缅甸及我国云南边境一带开始流行。开始时许多人上当受骗，有些人为马来玉而倾家荡产。到中后期，不法商人把绿色石英岩、澳洲玉、东陵玉及绿色玻璃通称马来玉。用肉眼可准确区分它们。

16.什么叫水沫子?

中缅边境经常见到白色、透明度很好的玉，它常带蓝或蓝绿花。水沫子的致色矿物是按一定方向排列的阳起石、绿帘石。白棉多，水很好。总体色彩为灰白或白色。矿物成分主要为钠长石，次要矿物为硬玉、绿辉石、透辉石等，故也称钠长石玉。硬度5.5~6.0，相对密度2.56~2.64，折射率1.52~1.530。

非常通透的钠长石玉——水沫子做的随形手玩。

17.什么叫沫子渍?

产于缅甸，是云南边境常见的一种灰绿色、水头差的石头，人们称沫子渍。因颜色深浓，被做成薄片饰品。沫子渍的主要矿物分为钠铬辉石，次为硬玉、绿辉石、铬硬玉、蓝闪石等，实为钠铬辉石，其中有一定透明度的具玉感的才称钠铬辉石玉。硬度5.0~6.5，相对密度3.14~3.17，折射率1.63~1.66。

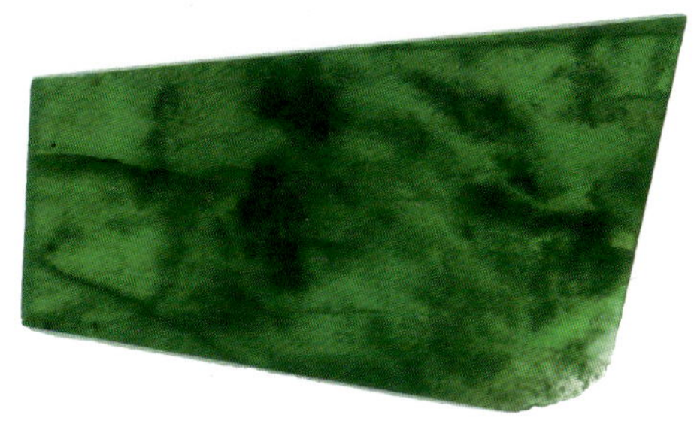

钠铬辉玉——沫子渍的片料。

18.什么叫不倒翁？

产于缅甸北部葡萄地区，因地名而得名。绿色呈条带状、斑点斑块状，一般透明度较好，少数较差。主要矿物为水钙铝榴石，次为黝帘石、符山石及闪石类等。滤色镜下变深紫红色为其主要特征，实为水钙铝榴石。硬度6.5~7，相对密度3.41~3.44，折射率1.71~1.72。

葡萄地区还产一种在滤色镜下也显紫红色的石头，此种玉透明度较好，呈蓝色—蓝绿—偏蓝色，主要矿物为蛋白石、石英、玉髓，实际上应称蛋白石英玉。硬度5.5，相对密度2.13，折射率1.45。应与水钙铝榴石严格区别。

有如一块晶莹剔透的翠玉，将我镶嵌在她的心中，沾了玉的灵气，人也便灿灿生光了

翡翠观音。

19.什么叫困就？

产于中缅边境一带，透明—半透明，灰蓝或蓝灰色，颜色呈团束状、带状。主要矿物为透闪石、阳起石，还有少量铬铁矿等。硬度6，相对密度2.96~3.02，折射率1.62，实为软玉。

1.翡翠生成的地质条件有哪些?

翡翠生成的地质条件十分苛刻，它需要一个高压低温的地质环境(压力5×103~7×103kPa，温度在150℃~300℃)，首先硬玉岩在整个地壳中非常难以形成，并且十分稀少。另外它的围岩——超基性岩也十分少见。有了以上两个条件为前提，还须有微量铬离子——色素离子在一定的温度范围内，在漫长的时间里，不间断地进入硬玉晶格，才能形成一般的绿硬玉岩。若要成为特级硬玉岩——翡翠，还须具备以下条件:翡翠围岩必须是高镁高钙低铁岩石，这种环境产出的翡翠更纯净。尽管低铁，但还是有铁的存在，要翡翠十分纯净无杂质，还须在强还原条件下，即在还原环境中生成。因为在缺氧环境中，它所含的Fe^{3+}会形成磁铁矿而析出，而不进入翡翠的晶格内，可使翡翠的绿更正。再者要有生成翡翠后的地质作用及多次强烈的热液活动，把翡翠改造成绿正、水好、底纯的特级翡翠。翡翠的颜色形成过程是伴随着热液活动进行的，为多期强度不同的成色过程，要长时间处在150℃~300℃，最佳温度是在212℃左右，铬离子才能均匀、不间断地进入晶格，在这种条件卜生成的翡翠绿色非常均匀。完全生成特级翡翠后，还不能有大的地质构造运动，否则将会产生大小不等、方向不同的裂绺而影响翡翠质量。以上各条件很难同时具备，这就是为什么特级翡翠稀少的原因。

2.翡翠生成的大致时间

从侏罗纪(约1.8亿年前)的缅藏板块与欧亚大陆板

满绿老厂翡翠原料，重760克。1997年价70万元。

块碰撞，并向欧亚大陆板块之下俯冲，第三纪的渐新世(约3500万年前)，印巴板块与欧亚大陆板块缅藏板块碰撞，并俯冲于欧亚缅藏板块之下。这两次的碰撞，尤其是第二次的碰撞不但使青藏、云贵高原上升隆起，还形成了世界屋脊。使原残存的缅藏板块更加支离破碎，造成大大小小的断裂，超基性岩及其他岩浆岩沿断裂侵入。这些超基性岩是生成硬玉矿床的母体。这个高压低温变质的过程，主要发生在喜马拉雅山运动期，这种超基性岩主要由蛇纹岩、橄榄岩、角闪石等组成。根据野外地质关系及绝对年龄测定，超基性岩的侵入时间应为白垩纪晚期至第三纪早期(7000万~6500万年之间)，并见有稍后生成的(第三纪)花岗岩及更后期的辉长岩等(其内含金)。由以上可判断，硬玉岩生成的时间应为开始侵入的蛇纹岩化橄榄岩形成之后生成。第四纪的更新世后，已有大量硬玉巨砾侵蚀搬运再沉积了。

3.硬玉与软玉的区别

软玉也称和田玉，主要产于我国新疆和田而得名，历史悠久，质量最佳。组成矿物属透闪石、阳起石系列，为透闪石的一种致密坚韧的变种。相对密度2.9~3.02，硬度6，折射率1.606~1.632，平均1.62。

硬玉则是辉石族钠铝硅酸盐矿物纤维状集合体。相对密度3.33，硬度6.5~7，折射率1.66。颜色有绿、紫、蓝绿、红、黄、黑等。特级硬玉比软玉价格高出千倍。

4.中国产翡翠吗?

世界上地质构造最为复杂的地区，位于高黎贡山以西，雅鲁藏布江的里夏、南英以南，印缅边界的印加山脉以东、八莫以北不大范围地区。这里从侏罗纪以来，经历多次大的构造运动、几次板块的碰撞，各种岩浆活动频繁。在全世界范围内这样特有的产优质翡翠的地质条件是少有的。几十年来许多专家预测过翡翠可能出现的地带，也组织地质人员寻找过，但至今没有结果，故目前尚未在我国发现翡翠矿床。但缅甸翡翠矿带北延，进入我国西藏境内，沿雅鲁藏布江以南地区，这里有相同的地质条件，可望找到翡翠矿床。

5.硬玉的矿床类型有哪几种?

硬玉矿床位于雾露河两岸阶地及其支流内，从北东流向西南汇人亲敦江，为亲敦江支流。雾露河长150千米。硬玉分布面积在7600平方千米内。矿床类型有:

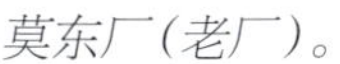

莫东厂（老厂）。

上木纳厂（老厂）。

(1)原生硬玉矿床:产于强蛇纹岩化橄榄岩岩体内，岩体与蓝闪石片岩接触。接触带为一构造破碎带，其内见硬玉及橄榄岩的构造角砾及后期铬铁矿细脉穿插。硬玉岩、钠长石岩、角闪石片岩互层产出。矿体为脉状，平面上为串珠状分布，矿体多条出现。长10米~450米，可断续延长数公里以上，矿体厚0.3米~5米不等，最厚可达20米以上。已向下开采百米深。

矿体中心为纯硬玉岩带，向两壁渐变为硬玉钠长石过渡带，再向外为钠长石岩带及绿泥岩带，再外为强蛇纹岩化橄榄岩围岩。

原生硬玉矿床位于雾露河上游干昔山地区，主要产地有:度冒、马萨、凯苏、散卡、圣卡摩、缅摩、乱目岗等地。主要产中低档硬玉原料。原生硬玉矿床所产均为新坑玉，其结构疏松，小构造发育，含非硬玉矿物较多。故硬度、相对密度等比老坑玉要低。

(2)残坡积层硬玉矿床:以龙塘为代表，为原生硬玉矿床剥蚀搬运、沉积在原生硬玉矿床附近山坡周围及支流内的残坡积沉积矿。一般有厚的皮，质量介于新坑与老坑之间，也称半山半水或称新老厂。

(3)第四纪砾石层中的硬玉矿床:产于更新世。产地有会卡、大谷地、木那、灰卡南其、抹岗、东各、自壁等地。沿雾露河两岸山坡阶地分布，一般质量较好，称老厂玉。地层总厚度大于300米，从下到上分布如下:

①含硬玉的底砾岩层:产于此层之硬玉特征为皮厚、皮的颜色多样、块体大小悬殊、质量好坏不一。分布广泛，常产出特级翡翠;

②卵石及砂砾(不见硬玉砾石);

③冲积砂岩(不见硬玉砾石)。

(4)产于现代河床冲积洪积冰积层中的硬玉矿床:此类硬玉矿床有较高的经济价值，特点为薄皮，磨圆度好，称为水石。常有特级翡翠产出。分布于雾露河两岸，从散卡到打木坎长几十公里地段范围内及坎底河中段。主要产地有帕岗、摩东、马蒙、打木坎、后江等地。

(5)产于构造破碎带内的硬玉矿床:硬玉原生矿床受地质动力作用即破碎、变形、错位和搓揉等产生的构造角砾岩，在整个雾露河产区多处可见，称乌砂黑皮，一般含铁较多，颜色多偏蓝或蓝绿，正绿者极少。产地为马蒙、帕岗等地。

作者在缅甸玉矿考察。

1.全面掌握翡翠要领要学习哪些知识?

翡翠学是多学科的综合性很强的一门科学。除了实践是第一位的以外，还需要重点学习宝石色彩学。宝石色彩学是研究各类宝石及翡翠色彩形成原因、色彩组合形式以及鉴定宝玉石等级的一门科学。它涉及色彩物理学、色彩化学、光学及心理学等方面的知识。宝石色彩学还研究视觉、思想和精神现象在色彩领域中的相互关系。另外，还要学习地质学，因为它是宝玉石学的基础。还要学习翡翠珠宝商贸、翡翠的艺术设计加工学及中国哲学、美学、宗教、历史等。

2.翡翠鉴定研究的目的是什么?

鉴定的目的就是识别翡翠的好与坏、真与假及鉴别出它的种属等。研究的目的就是规范市场、指导市场，及时发现并防止仿冒品对消费者带来的损失以及研究翡翠的化学、物理和矿物特征，指导翡翠的探采、开发、加工、优化工艺、商贸等服务于市场。自从我国有了珠宝鉴定研究以来，我们的鉴定工作都是以堵假识真为主，而没有建立在预防上。翡翠的制假者研究的

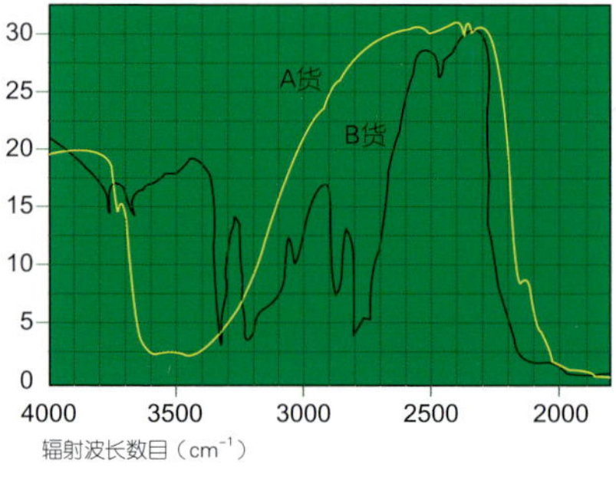

翡翠A货B货红外光谱示意图。

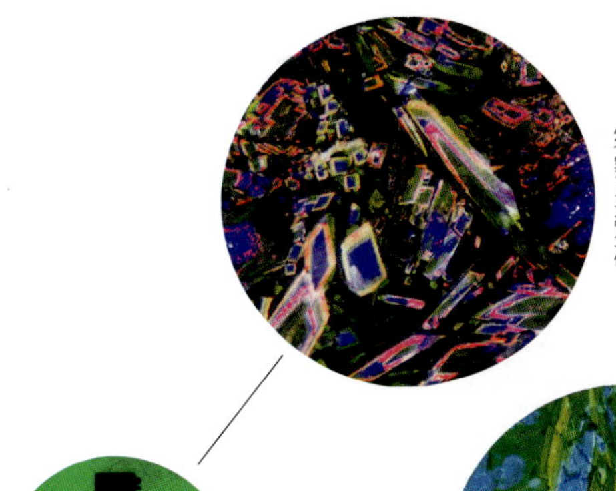

经阴极发光显微镜观察，天然翡翠（A货）呈红、紫(或黄、绿)色荧光，发光相对均匀，矿物晶体结合紧密。

装配在显微镜上的美国Nuclid公司阴极发光仪。

经阴极发光显微镜观察，处理翡翠（B货）具溶蚀现象，溶蚀裂隙中填充有发暗绿色荧光的物质（人工注胶），矿物晶体结合较疏松。

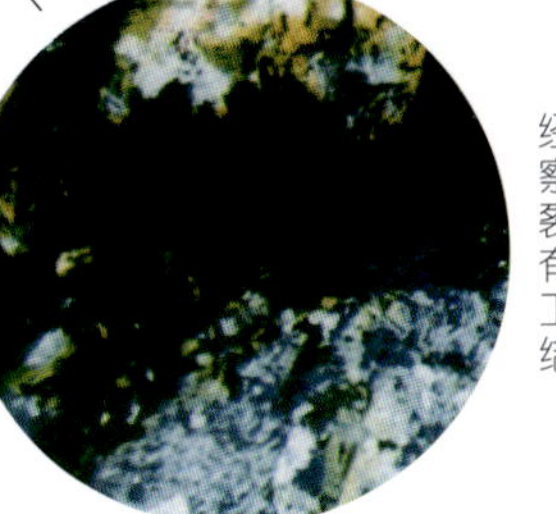

经阴极发光显微镜观察，处理翡翠（C货）裂隙发育，裂隙中充填有黑色不发光物质（人工染色剂），矿物晶体结合疏松。

阴极发光仪翡翠鉴定研究示意图。

课题是如何反鉴定，他们制假的能力已超过我们鉴定人员。我们不能为鉴定而鉴定，唯书本论。要去做反伪专家，主动出击，将制假的消灭在上市初期。如20世纪80年代中期出现的人造六射星光红宝石，80年代后期出现的马来玉及翡翠B货等，这些赝品使许多人上当受骗。市场大量泛滥很长一段时间后才有人把它鉴定研究出来，而不是在赝品出现的初始阶段鉴别出来，使人们少受损失。所以研究人员应盯住市场，预测仿冒及高级处理型翡翠的出现。珠宝企业家若懂珠宝鉴定将会给企业带来效益。翡翠研究人员，若不与社会融合，不与市场融合，他的研究成果就不会有价值。

3.翡翠无专家吗?

翡翠是世界上最难以识别的宝石。因为它有一层皮，就是切割开后，绿色与水头的变化也是估计不准的。因而赌涨的人少而又少。赌输的人太多太多。任何人赌石都没有绝对把握，只能根据皮上表现来下赌，风险很大。赌输后有些因心理承受不了而自杀的也是常有的事，玩了一辈子玉石的人也难免失败。民间有“神仙难断寸玉”之说，故翡翠无专家就流传开来。实际上是有专家的，这需要用科学的方法，结合实践经验识别翡翠，从而将风险降到最低。在翡翠的长期经营中，赢家就是专家。

翡翠平安扣两粒吊坠。

4.中国翡翠玉雕产品的忧虑

社会高速发展的今天，人们的审美观发生了很大的变化，消费者求新求奇求特、追求名牌的愿望十分强烈。而我们的翡翠饰品市场还停留在几百年的福、禄、寿、禧的原始工艺上。饰品传统守旧，没有创新。究其原因主要是我们的雕刻人员，身受祖师崇拜及传统思想的影响所致。然而现代社会的人则注重未来的取向，不断创新。而在现代经济社会发展中，玉雕在继承传统口号下，却丢掉了真正的优秀传统，即关注所处时代社会消费者的意识和审美情趣。玉雕艺术，要继承传统，并将中国的优秀传统文化、审美情趣与当前社会发展个人追求相结合，在艺术表现形式上发展创新给消费者更多、更高的美的享受。这也是时代、社会对玉雕艺术的要求。近几年来，市场上大量出现重量大、材料差、

设计时尚的翡翠挂饰。

造型传统的翡翠饰品。

做工粗糙的翡翠大件作品，请“专家”一估就是几千万几个亿的，这不外乎新闻炒作，达到另外的目的而已，但对市场造成了很大混乱。因而目前市场上，少有精心用在翡翠创作上的玉雕人员，粗制滥造的作品居多。翡翠艺术，可以看作是一种商品，但更是一种艺术，一种追求，一种境界。如果只是为了艺术的名号去赚钱，而昧了艺术的良心，实在是艺术的悲哀。

5.云南翡翠加工业为何落后?

改革开放后，云南边境经营翡翠原料的公司商号上千家，全世界都来云南选购翡翠，使这些公司商号生意十分火红。原料从缅甸商人手里拿进来，公司转手倒卖，只收中介费，周转快，省心省力，风险小，投资少。而翡翠加工业并非一年半载能产生效果，故云南翡翠加工业一直处于十分落后的状况。广东等省经过20世纪80年代以来的资金积累，目前已是大批量、高科技、多品种、款式新的大规模生产了。而云南至今没有一家上规模的翡翠加工企业。

6.怎样鉴别旧(古)翡翠饰品?

旧翡翠饰品，指民国以前制作使用的翡翠饰品。因翡翠饰品进入我国最多不过600年，而且在清朝乾隆年代以后才逐步广为流传。比起其他年代久远的软玉等玉种要好鉴别。一是具有明显清代艺术风格。清代艺术风格又具有明显明人艺术的延续特征，又受清朝当时与外部交流所带来的其他艺术的特点，即造型粗犷深厚、雕工刚劲有力，但在造型琢磨风格上已失古意，给人一种新的特点。同时，仿古作品大量出现，日趋市俗化，这个时期仿明陆子冈款玉器数量众多，一般首饰类做工线条都较粗糙。另外，从翡翠饰品上的沁色也可判断其年代。沁色指翡翠及其他玉制品埋入土中，受土中氧化元素的浸染及尸躯腐蚀物的腐蚀所产生的色。再者看旧翡翠饰品材料，当时所用翡翠原料早已用尽，目前市场不见此类翡翠材料。

钱玉翡翠情侣佩。1999年价5.6万元。

仿古翡翠瓶。

翡翠的沉稳气息
呈现温婉风华

7.翡翠研究现状

20世纪90年代初以来对翡翠研究逐步深入，尤其是地质工作者进入珠宝领域，对翡翠的研究产生了质与量的深刻变化。1998年在昆明召开的全国宝玉石专业委员会翡翠研讨会，使翡翠研究达到最高潮。对翡翠的研究，中国一直处于世界领先地位。对翡翠的研究大致分为如下几种:

对翡翠微观世界的研究:搞清了翡翠的矿物成分、矿物组合及次生矿物、致色元素以及其他微量元素；基本搞清了翡翠的结构构造对翡翠质量的影响，以及交代作用、裂隙充填物等；基本搞清了优化及处理翡翠、加色翡翠等的处理过程及鉴定方法;尝试用大型先进仪器如电子探针、红外线光谱等对翡翠进行研究并取得成果;研究了缅甸所产与翡翠有关的辉石及其他有关玉种，并进行了定量定性定名，搞清了许多问题。

对翡翠宏观世界的研究；对翡翠地质成矿理论的研究，翡翠致色机理的研究，对翡翠进行商业等级划分，对翡翠进行评价。用地质方法对翡翠原料的好坏进行预测，对翡翠历史溯源的研究以及对翡翠市场的研究都达到了一定高度。

但至今我们对翡翠微观世界的研究较多，对研究成果怎样运用考虑较少，对翡翠开发利用、鉴定、商业评估、工艺美术及翡翠商贸均不够深入。我们的研究成果跟不上市场的步伐，往往处于被动研究，没有站在市场的前端，在指导市场上下功夫。

五 色彩识翠

1.翡翠的绿是什么元素所致？

翡翠的翠绿产生的原因主要是其内含有万分之几的三氧化二铬所致。翡翠除绿色最可贵外，还产生蓝、黄绿、蓝绿、紫、红、黄、黑等色，它们的致色元素大多为铁、锰、钒、钛等。

清代翡翠摆饰。

2.什么颜色的翡翠最好？

单从颜色好坏等次之分上讲，翡翠最好的颜色以祖母绿色、翠绿色、苹果绿色、黄秧绿色为最上等，以下依次为蓝绿色、紫罗兰、红翡、黄绿色、黄色、蓝色、灰蓝等。四五种颜色的翡翠饰品称五彩玉，也十分罕见。色彩一定要与翡翠的绿及好的水种底结合起来，并要少杂质和裂绺，才能价值连城。

紫罗兰翡翠大料。

3.影响翡翠绿色调的因素有那些？

首先，影响翡翠绿的因素为透明度即水的好坏，透明度好能衬映翡翠的艳丽润亮来，价值就高；此外，杂质、有害元素如铁、锰、钛等能使翡翠偏蓝色调并使底发灰，甚至发黑，影响价值；再者钠长石、角

绮丽的红翡情结，为您网住佳人的心扉。

红黄翡桑蚕宝摆件，雕琢者利用各异的色彩，刻画出美艳的桑叶，俯食的桑蚕及还未成熟的桑果，融色、形、动、静于一体，勾勒出一幅动人的生物生活场景，层次分明，用心良苦，天衣无缝，令人折服，作品由袁新根大师设计雕琢。

闪石、沸石、霞石、铬铁矿及铁的氧化物的存在能使翡翠内产生白棉、黑点、黑块等，也是有害矿物。翡翠的绿色愈均匀纯净，其中镁与钙的含量也会随之增高。质量好的翡翠是多次地质动力作用及热液活动改造所造就的。

①铁及其他杂质金属元素：铁及其他黑色金属元素渗入到翡翠的绿色调里，会使翡翠绿的亮度变深、变暗，也会影响到翡翠的饱和度(纯度)或鲜艳度，使翡翠的绿色调发不出纯正的绿色宝光，让人们感觉到一种发灰的绿色，抑制人们的视觉，产生不了亮丽的快感。

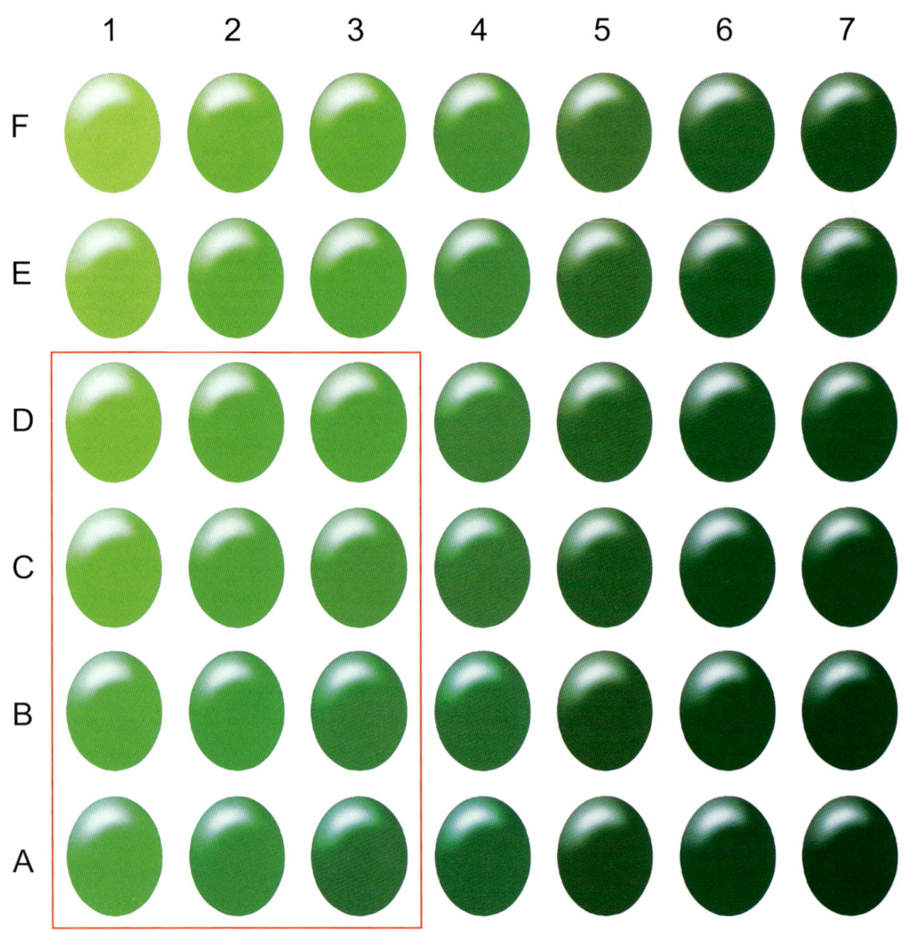

翡翠色调与饱和度关系图（红线内为最有价值的翡翠色调）。

1、2、3内的A、B、C、D为非常正的祖母绿、翠绿、苹果绿、黄秧绿的翡翠色调，E、F色彩逐渐变淡。

4为微偏蓝的翡翠色调，从A到F色彩逐渐变淡。

5为绿蓝的翡翠色调，从A到F色彩逐渐变淡。

6为蓝色、灰蓝色的翡翠色调，从A到F色彩逐渐变淡。

7为深灰蓝、黑蓝、黑色的翡翠色调，从A到F色彩逐渐变淡。

翡翠吉祥牌摆件，“吉祥”于云雾山中，因诚心而降临你我之中。色艳，水中等，种嫩，无亮丽的宝光。12cm×6.6cm。1996年价20万元。（左为背面，右为正面）

②杂质矿物：如角闪石、钠长石、钠铬辉石及沸石等，不但影响翡翠的亮度和饱和度，而且会使翡翠的绿色变成灰绿色、黑绿色甚至黑色。这些杂质矿物的存在，还会致使翡翠绿色的不均匀性。

③致色的铬离子：铬元素含量过高或过低都会影响翡翠的亮度。铬离子含量过高会使翡翠内绿色变深，其内产生黑点黑丝及黑斑，含量过低绿色变浅，故影响翡翠的价值。

④翡翠的种：翡翠粒度大小不均匀、结构疏松，不但影响翡翠的透明度，而且产生翡翠绿色分布不均，翡翠粒度细小均匀，结构紧密，颗粒间空隙小，铬离子可均匀分布其晶格中，此时翡翠绿色均匀亮丽。

⑤翡翠的水：水好，翡翠的绿表现水灵，有活力；水差的绿表现刻板死沉，影响绿的表现力度。

⑥翡翠的裂隙：翡翠内的裂隙发育并被后期矿物

18K白金钻镶翡翠耳坠。

充填，不但影响翡翠的透明度，而且影响翡翠绿色的完整性和均匀性。

⑦翡翠的厚薄：在翡翠亮度(深浅)一致的情况下，绿色若要不浓不淡，需用厚度来调整。但绿色在翡翠内的形状厚度是不可变更的，若绿色浅淡而翡翠内又没有那么厚的绿色部分来增加，就无法用厚度来调整。

⑧视觉对翡翠绿色的影响：这关系到色彩与视知觉的问题。在我们的视觉中，可以发现同一色彩实体，往往会产生多种色彩感觉。同样面积的黑与白，看起来白大黑小，在雪白的底衬上放上绿色的翡翠饰品，就感到绿色特别亮丽，而若放在灰色的底衬上，绿得就不那么漂亮了。但在观察有色宝玉石时，用灰色物作底衬，

对观察评估时是最合理的，对买卖双方都是平等的。这就是人眼产生的错视。

⑨海拔高度及光线：人们会感觉到在昆明看到翡翠饰品时，感到具黄味的绿，拿到北京、上海或成都，绿中的黄味没有了，绿色没有在高原地区亮艳了，这是因为昆明海拔高，空气稀薄，紫外线强烈而引起的绿色感强的原因。而在海拔低的地方，因大气层厚影响紫外线的穿透，对翡翠绿色的发挥产生抵制作用的结果。另外，光线的强弱明暗均对翡翠的绿色产生影响。

⑩心理因素：色彩在其物理性质存在的同时，也因人们所处的环境、当时的心态，影响着人们心理活动的功能。在人们心情低沉、天气阴冷时，对绿色反应迟钝、辨色能力下降；当阳光明媚、心情舒畅时，对绿色反应敏感，色彩感觉细腻。故在评估或购买翡翠时，心情一定要平稳镇静，不能受外界的影响。

4.与翡翠颜色相同的宝石有哪些？

与翡翠颜色相同的宝玉石很多，但它们的绿色调是明显不同的，肉眼即可识别。它们的相对密度、硬度、折射率、吸收光谱等物理光学性能差别很大，易于鉴别，有别于以下品种：祖母绿（绿宝石）、翠榴石（钙铁石榴子石）、绿柱石（海蓝宝石内的绿色品种）、坦桑石（黝帘石）、水钙铝榴石、葡萄石、符山石（加州石）、绿锆石、绿水晶、绿色榍石、绿色电气石、绿色橄榄石、天河石

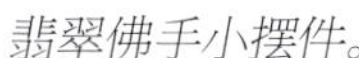
翡翠佛手小摆件。

(长石类)、东陵石、澳洲玉(绿玉髓)，还有一种含钒氮化合物的透明绿石榴子石等。

5.什么是翡翠的三十六水、七十二豆(绿)、一百零八蓝?

周经纶先生所指翡翠的三十六水、七十二豆(绿)、一百零八蓝，是用来说明水底种色的变化十分复杂，种类繁多，较难鉴别，并不是要把翡翠的三十六水、七十二豆(绿)、一百零八蓝划分出来供我们鉴别使用。

实际上这是明清时代帮会组织“天地会”、“洪帮”等组织的帮会语言，把它用于翡翠的水色种底的对比上，仅只说明翡翠质量变化的复杂性。因为三十六天罡、七十二地煞，合计一百零八。

弥勒笑佛，原料重29千克，切口处为淡绿色，于相反方向切出许多丝绿块状绿，且种老水好，通透晶莹，色彩斑斓。雕琢者巧妙利用这块翡翠原料的特点，刻画了那位“笑天下之人、笑天下之事”的弥勒笑佛。作品整体精工，衣饰粗放，活泼可爱，栩栩如生，神来之刀，赋玉以新的生命，予人以美的愉悦。
1996年价850万元。

翡翠及相似玉鉴别特征表

商品名称	矿物名称	外观特征	硬度	折射率	密度	光谱及其他
翡翠	硬玉	颗粒状结构，见翠性	6.5~7	(1.66)	3.33	铬谱
祖母绿	绿宝石	多相包裹体、六方晶系	7~7.5	1.568~1.595	2.59~2.80	铬谱
翠榴石	钙铁榴石	等轴晶系	7	1.89	3.82~3.87	铬铁谱
海蓝宝石	绿柱石	六方晶系	7~8	1.575~1.583	2.72	铁谱
坦桑石	黝帘石	斜方晶系	6.5	1.691~1.700	3.35	铁谱
不倒翁	水钙铝榴石	粒状多晶集合体	6.5~7	1.71~1.72	3.41~3.44	
绿葡萄石	葡萄石	颜色均匀，具放射状纤维结构	6~6.5	1.63	2.80~2.95	
加州石	符山石	四方柱体	6.5~7	1.72	3.25~3.50	462mn吸收
	绿锆石	四方晶系、四方柱、四方双锥	6.5~7	1.810~1.984	3.90~4.73	铀谱
	绿色榍石	单斜晶系	5.5	1.9~2.034	3.53	
碧玺	绿色电气石	三方单锥晶系、柱状	7~7.5	1.62~1.64	3.00~3.26	500nm吸收
	绿色橄榄石	斜方晶系	6~7	1.654~1.690	3.34	铁谱
亚马逊玉	天河石	颜色均匀，具细晶结构	6	1.53~1.55	2.54~2.57	
绿石英	东陵石	颜色均匀，具铬云母及绿泥石晶体等粒状结构	7	1.54	2.66	
澳洲玉	绿玉髓	颜色均匀，质地细腻	6.5~7	1.54	2.65	镍谱
水沫子	钠长石	粒状结构	5.5~6	1.52~1.53	2.62~2.64	
沫子渍	钠铬辉石	含Cr_2O_3高	5~6.5	1.63~1.66	3.14~3.17	铬谱
马来玉	埃莫利玉	非晶质、纤维状	6	1.52	2.50	

六 文化识翠

1.翡翠何时输入中国?

远在我国北方丝绸之路开发以前，南亚大陆就开辟了陆上通道，即蜀身毒道。在这条驿道上，腾冲是最重要的前沿和最大的驿站。明、清时期，缅北翡翠珠宝产地曾隶属中国，历史给予腾冲翡翠集散地的地位。

最早记载着腾冲翡翠生产贸易的是明朝大旅行家徐霞客，他于1638~1639年曾在腾冲亲眼目睹了翡翠加工及贸易的盛况，并写人他的游记之中。而翡翠传入中国的时间应在此之前。考证历史得知，在此之前的明永乐年间，大约1403年，明朝社会稳定，经济繁荣，明朝向周边扩张。在此基础上大力开拓云南边疆以及对腾越的三征麓川，使滇西，尤其腾冲得以大大开发。各种贸易及珠宝翡翠的交易旺盛，从而促进了翡翠进人中国，故翡翠传入我国已有600年以上的历史。

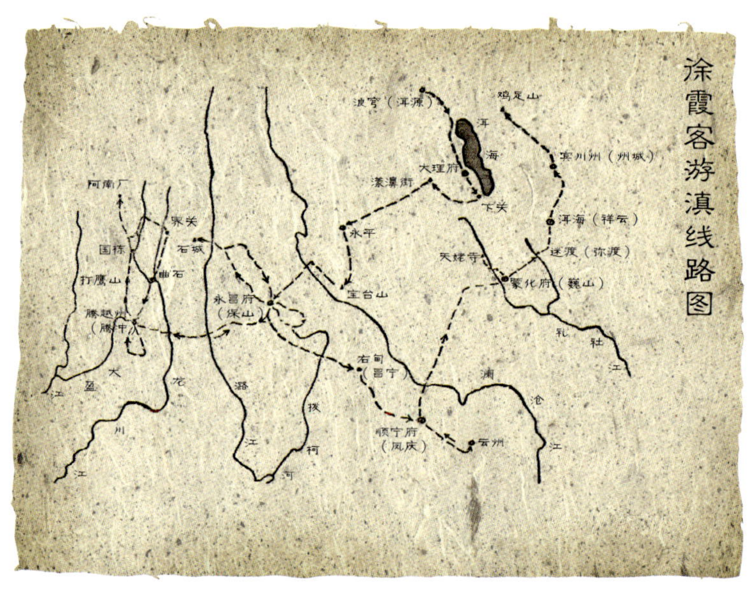

2.翡翠为什么会替代白玉?

中华民族是一个爱玉的民族，具有七千年的玉文化史。自从几百年前翡翠传入我国，它就替代了古代名贵的白玉。对翡翠的迷恋，把玉文化推向一个更高层次。这是因为翡翠的绿色，最能体现中华民族的个性，那就是和平、奋发、自强不息的精神。翡翠的绿色调又是大自然的主色调，代表着年轻、旺盛及向上，象征着生命，很好地凸现出中华民族的勤劳、勇往直前的精神。再者翡翠的绿是那样神秘深邃、高深莫测、含蓄庄重、纯洁柔和。它给人们一种欣欣向荣、和平宁静之感。它代表着一种向往、一种寄托、一种满足、一种自然之力，不可战胜，像我们民族的发展史。它已上升到哲学高度，教人"以德治玉"，以这种观点去做人做玉。故自翡翠传入我国后与民族精神一拍即合，在继承传统白玉文化的基础上，创造了更为完美的翡翠文化。

翡翠怀古挂饰。2006年价88万元。

3.翡翠文化的内涵是什么?

从科学不发达的远古时代，直到近古代，关于玉有许多玄妙而神秘的观念，如玉能通神灵、达天地、延寿命、驱鬼祟等。三礼(周礼、仪礼、礼记)玉论之所以成立，一个重要依据是，玉被认为有许多神秘的功能，几千年来对人们的精神、心理起着强烈暗示作用。玉及它所产生的文化带来的社会价值和艺术生命，有其民族文化的继承性和统一性。它的社会价值与艺术生命是指向未来并寄托于未来的。玉文化的内涵就是：继承古玉的艺术风格，统一在民族文化向前发展的进程之中，形

战国时期祭天用的玉螭凤纹璧。

翡翠挂饰。

成洪流，创造了滔滔不息、光辉灿烂的中华民族文化。

4.佩戴翡翠饰品能否保健?

翡翠是由铝、硅、钠为主要元素的矿物集合体，还含有微量的钙、镁、铁、铬等。其中镁与铬对人体有保护心脏、减少心律失常的作用，但它们的含量很少。这些有益元素不能直接从皮肤吸收，所以佩戴翡翠饰品对人体有保健作用的说法，是没有科学根据的。像手环戴在手腕上，来回摩擦可以起到局部按摩作用。

5.佩戴翡翠饰品能否避邪?

人们常把大自然造就出来的完美稀少的宝玉石，视为护身物件，避邪免灾。这是在原始低下无法战胜自然的远古社会人们的一种寄托而延续下来。实际上从世界著名宝玉石的历史来看，它给拥有者带来的不是幸福，而是凶杀与不安。但人们从良好的愿望出发，将翡翠视为美化自己，提高自身的生活质量，给自己生活带来幸福美好的吉祥物。

6.旧时为什么把翡翠称云南玉?

历史上缅甸的翡翠为云南人所发现并加工成饰品使用，由于缅甸长期的战乱、落后、封闭，使翡翠只有通过云南腾冲加工并销往各地；再者翡翠的开发、加工、运输、销售，绝大多数为云南人所为，缅甸翡翠产地曾隶属我国古代王朝管辖，当时有“腾越产玉”之说，云南人对翡翠的开发及走向世界功不可灭，故把翡翠称云南玉。

7.常用有关玉的成语有多少?

在石器时代，由于生产力的低下，生活的艰苦和解释不了的自然现象，先辈们把硬度高的石头用“石打石”的方法制成工具后，又把色泽艳丽的美石，经过打磨穿孔，系上自捻的小绳，套在颈项上以避鬼魔，护身求安，这是原始的信仰寄托。经过几千年的历史时空，玉不断地被赋予新的内涵，注入了新的作用，在不断的社会进程中，产生了许多和玉紧密关联的神话与传说，最终形成了我国特有的玉文化，并随之锻造出了许多有关玉的美妙成语及词句，现将与玉有关的成语、词句选择部分罗列如下:

翡翠摆件。

【玉有关的成语、词句】

鉴玉尚质　执玉尚谨　用玉尚慎

家家抱荆山之玉　人人握灵蛇之珠

藏玉显真情　佩玉升情操

艰难困苦　玉汝于成

金玉其外　败絮其中

宁为玉碎　不愿瓦全

无阳不看玉　月下美人多

太平盛世　玉生辉

他山之石　可以攻玉

玉可比人　玉可喻事

玉可祭天地　玉可寄托理想

丰年玉　荒年谷

无瑕胜美玉

化干戈为玉帛

玉貌花容

玉洁冰清

玉波静海

玉鱼之敛

玉皇大帝
玉姜避难
玉燕投怀
玉昆金友
玉人吹萧
玉粒桂薪
玉川之奴
玉润珠圆
玉马白驹
玉马朝周
玉石难分
玉田娶妇
玉关人老
玉厄无当
玉斧修月
玉石之美也
玉不琢不成器
金帛珠玉
金题玉躞

金玉货赂
金科玉律
金玉良言
金相玉质
金玉满堂
金声玉振
金枝玉叶
金口玉叶
金口玉言
金马玉堂
金浆玉醴
金童玉女
产壶玉尺
抛砖引玉
浑金璞玉
琼浆玉液
珠玉溅雾
清脆如玉
良金美玉

白玉为皇
昆山之玉
昆山片玉
白玉楼成
伯雍种玉
出玉生金
大宋玉音
饭玉炊桂
封金刊玉
真诚召玉楼
改步改玉
怀珠抱玉
兰摧玉折
蓝田生玉
佩玉晏鸣
精金良玉
象箸玉杯
以玉抵鹊
切玉断金

如花似玉
投瓜报玉
侯服玉食
芝兰玉树
钟山之玉
紫玉成烟
美如冠玉
炫玉贾石
珠玉在侧
被褐怀玉
戛玉敲金
琼枝玉叶
琼楼玉宇
怜香惜玉
香消玉殒
尽珠溅玉
玉树临风
美玉如斯
……

8.世界第一部翡翠著作作者是谁?

周经纶，云南省盈江县太平乡人，生于1944年，1969年出亡缅甸野人山挖玉十年，后定居台湾。周先生以奉献的心，潜心研究翡翠，并于20世纪80年代末写出世界上第一部翡翠专著：《云南相玉学》。书中将其自己的经历与相玉学的经验，全部写入书内，使我们学习到了许多辨玉识玉的知识及了解作者的与玉休戚相关，苦难与欣慰的人生历程。

周经纶先生与作者在中缅边境合影。

9.慈禧死时入棺的珠宝有多少?

根据《爱月轩笔记》所载，慈禧入棺时，光在棺材底铺金丝砖珠宝锦褥一层，厚七寸，价八万四千两白银；上面又铺一层，一钱重一粒的圆珠两千四百粒，价一百三十二万两白银。又铺绣佛串珠褥一层，价十二万两千两白银。将慈禧抬入棺后，头顶翡翠荷叶一件，重二十二两五钱四分，价二百八十五万两白银；脚登碧玺莲花，重三十六两八钱，价七十五万两白银。上铺陀罗经被，用珠八百二十粒，价四十六万两白银。珠冠，价十五万五千万两白银。其中一粒大如鸡卵，是某国进贡之物，价二千万两白银。慈禧身边放金佛、翡翠佛、玉佛等一百零八尊；足旁左右各放翡翠西瓜、翡翠甜瓜、翡翠白菜等。上盖网珠被，用珠六千粒，价四十二万八千两白银。慈禧手旁放玉制八匹骏马，十八尊玉罗汉。

以上珠宝最低估价共七千三百一十八万九千两白银。

清代翡翠白菜。

七 艺术识翠

翡翠小摆件。

1.翡翠原料的好坏与加工成艺术品评价时谁重谁轻?

好料难寻，雕工可求。在评价时原料的好坏是主要的，自古如此。翡翠首饰美，是通过设计制作把玉材美的特性最大限度的发挥出来。翡翠或其他玉制品，除了色、种、底、水等外，还有一个重要因素就是在碰撞时发出悦耳的音响，这是一般石头不具备的。古人将玉制的打击乐器称磬，就是较早的古代乐器之一。水、色、种、底俱全的翡翠原料，本身价值就很高，加上做工新颖巧妙，艺术性强，就是绝世佳品。翡翠原料差，做工再好与好料好工相比，价格相差成千上万倍。

2.翡翠艺术品与翡翠工艺品的区别在哪里?

翡翠艺术品首先要求原料优良，其次做工精细，材料设计要合理新颖巧妙，构思深邃，是否琢疵剔瑕、和谐美观、层次分明、有文化内涵。最重要的是翡翠艺术品不可再造，绝无二件，即使材料、重量、内容相同，其内容上的色彩变化绝不会相同。而翡翠的工艺品则多为中低档翡翠材料做成，做工一般，其中也有精细作品，可大量成批生产，为普遍流行的旅游翡翠工艺品。一般而言，雕刻工艺师若是为艺术而创造，他的作品不管原料好与坏，是艺术品或工艺品均有收藏价值。若以赚钱为目的，不管材料好坏，是不会做出好作品的。

3.翡翠饰品中最常见的吉祥图案有哪些？

用具体的事物来表达抽象的意念和感性，这种方法远在三千多年前我们的老祖宗就已经应用了。很多考古证明，汉代的纺织品上已有美丽的吉祥图案，也证明吉祥图案自汉以来就非常流行，使用普遍。吉祥图案多取材于动物、植物或星月、流水、瑞云，后来受道教、佛教的影响，图案题材也日益丰富，设计日益精美。这些均以谐音和寓意来表示，纹纹必有意，意意必吉祥。人们用玉来祝愿福寿和安康，用玉来寓意吉祥与喜庆，用玉来表示坚

雕工精湛的翡翠“蚕宝宝”摆件，原为一块全绿翡翠原料，在加工时其内出现白色翡翠，改变设计，做成“蚕宝宝”形象，具生活气息，为腾冲民间青年雕刻师杨树明设计制作。
重100克，2003年价4万元。
（上为背面，下为正面）

翡翠如意双面锁。

贞与忠诚，用玉来象征文雅和永恒，用玉以护身养颜。人影响了玉，玉感化了人。玉的光彩因人的喜欢而愈显绚丽，人的情操因玉的灿烂而得到陶冶，得到升华。这些玉的吉祥图案，不但美化了人们的生活，而且流传到东南亚。

比较典型常见的吉祥图案列举如下：八宝纹；叶庆有余纹；百事如意纹；和合如意纹；天仙捧寿纹；平安纹；竹报平安纹；三阳开泰纹；金玉满堂纹；瓜爬绵绵纹；福寿长庆纹；太平有象纹；福贵髦耋纹；白头福贵纹；喜鹊登楣纹；十全纹；五福捧寿纹；五伦图；五客图；五瑞图；五子登科图；五凤图；五毒图；宜男多子纹；三多纹；云龙捧寿纹；莺和鸣纹；花好月圆纹；灯笼纹；松鹤延年纹；狮子滚绣球纹；岁寒三友纹；锦上添花纹；兰桂齐芳纹；龟鹤齐龄纹；麒麟送子纹；连生贵子纹；四喜人纹等。

翡翠方牌。

常用图案素材及含义:牡丹——富贵，石榴——多子，桃子——长寿，松柏——常青，鸳鸯——爱情，喜鹊——喜庆，蝙蝠——幸福，鱼——富足，鹌鹑——平安，鸾凤——美丽盛繁，绶带鸟——长寿，戟——吉利，馨——吉庆，瓶——平安，荷花——纯洁清高，桂花——富贵，竹——志节，菊花——傲骨，兰花——节操，盘长——通明，灵芝——福寿如意，佛手——福，扇——善，葡萄——连绵不断轮回永生，柿——事，水仙——仙，橘——吉，海棠——玉棠富贵，芙蓉——荣华，草——宜男，枇杷——吉祥等。

表现手法可分两大类型：一是理性化手法；二是完

美求全的手法，追求完美齐全的意境等。

4.翡翠美表现在哪几个方面?

翡翠美是继承了自古以来玉所表现的各种美，如物质美、人格化后的心灵美(君子比德玉焉)及德行、仁爱、智慧、正义、谦和、和谐、忠直、真诚美之外，翡翠美还重点突出了色彩美、造型美、材质美、含蓄美、神秘美、稀有美等。翡翠艺术品在整个中华文明的长河中，只是近期的后起之秀，但却是玉文化的重要组成部分。传统的软玉及其他玉石，代表着玉文化的过去;而翡翠代表着继承后的今天，并孕育着玉文化更加灿烂的明天。

色彩美:世界上任何宝玉石的绿，都没有像翡翠的绿那么艳丽、丰富，给人以生命活力之感，如鲜的生命，碧绿清澄，生机盎然。

造型美:翡翠的造型美，不仅能使翡翠升值，而且融入了几千年中华文明的文化内涵。福禄寿禧、花鸟鱼虫等表达美好的愿望以及对未来美好生活的向往。造型美给予人们美好、满足、快乐。

翡翠五福临门方牌。

材质美:翡翠的石材美除了包涵所有的玉石石材美外，它的色彩丰富，水头有好有差，但都不失温润亮丽，可根据需要做出各种美丽独特的艺术品。

含蓄美:世界上任何性质的宝玉石都没有像翡翠那样含蓄韵致，代表了东方人的情感。它那冰莹含蓄的光泽不轻浮、不轻狂、不偏执，深沉而厚重，是国人追求和赞美的品质。这正是人们喜爱翡翠的原因之一。

稀有美:稀有也产生美。由于稀有而使人们追求向往。翡翠在世界上非常稀有，而且随着时间的推移愈来愈少。奇货可居，追求一件好的翡翠艺术品，是追求一种精神的质量、物质的升华，是一门复杂的综合艺术。

翡翠怀古挂饰。

5.什么叫翡翠珠宝消费的审美意识?

2002年我国国民人均收入达1000美元，按西方国家的标准，一个国家的国民人均收入达到或超过800美元时，社会消费者就会从经济意识转向审美消费意识，即不太考虑经济上(价格)合不合算，而主要考虑喜不喜欢，爱不爱，就是翡翠行业有些人常说的“喜欢就是价”即出于此。翡翠珠宝消费者获得的不仅是占有珠宝的满足，而是进一步的心理精神的满足，这就是审美消费意识。只有这样的消费才是世界上最本质、最高雅、最文明、最开心的消费。我国经济的大力发展，推动了人民生活水平的大提高，这种提高与繁荣是我国历史上所没有的，这也促使了人们素质的提高，文化生活水平的提高，又带动及推进了审美层次的提高。这时，我们珠宝企业及经营者如果只停留在传统古老的非审美水平上，停留在“几百年翡翠饰品无变化”的观念上，将无市场竞争能力。我们现在正从一个满足低层次的需要，向一个满足心理与精神需要的过渡时期。这就是为什么品牌产品销路好的原因。这里并不完全为了追求名牌的质量，而是追求名牌产品给人的一种心理满足，这种心理满足就是自我价值的实现。追求名牌产品中的审美含量，就是精神的追求，也是对美的追求。现在人们在求新、求异、求奇、求美、求特、求怪的心理状态下，我们的翡翠饰品就显得很传统，在翡翠饰品供应上，大路货多，特色产品匮乏;在翡翠饰品的生产及流通上，只是一些小作坊、小店铺，能参与大流通中竞争的珠宝企业和产品非常稀少。目前珠宝业的发展已走到岔路口上，能不能抓住翡翠珠宝审美消费过渡中的转变期，立足本地本省，去省外、国外扩张，开发利润区，寻找增长点，是我国珠宝企业能不能走出困境，做出不平凡业绩的关键。

6.翡翠饰品的种类有多少?

清朝以来翡翠制品花样翻新，使用广泛。旧饰指清末以前的翡翠饰品，如领管、朝珠、龙钩、带钩、如意、扳指、扁方、压发、帽正、顶子、烟嘴、鼻壶、三环扣、二环扣等。时饰是指民国以后各种饰物，如戒面、马鞍戒、玉锡、怀古、胸花、胸饰、胸坠、耳坠、烟嘴以及各种摆件。

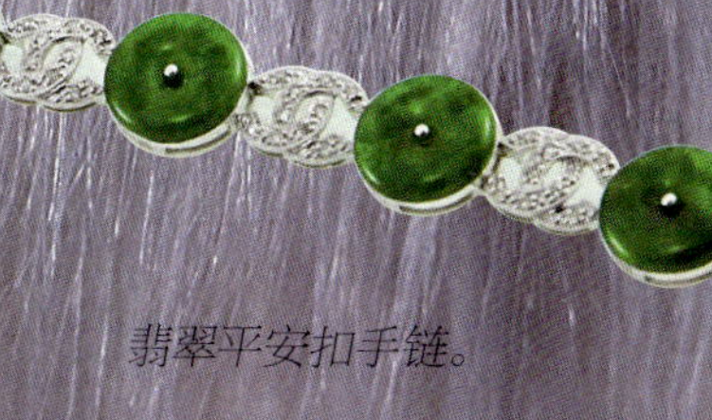

翡翠平安扣手链。

八 评价识翠

1.好翡翠的标准是什么?

好的翡翠有八个条件或标准:①绿要正,不偏蓝;②绿色要分布均匀;③水要好;④杂质少;⑤裂绺少;⑥“种”要老;⑦翡翠的绿色重量应大于5克拉以上;⑧做工要有文化内涵,精美新奇。好的翡翠原料除以上条件外,原料内还应有做标准戒面的团块状正绿。

高档翡翠料及高档全绿翡翠手镯。1996年价160万元。

2.翡翠做假方法有哪些?

翡翠原料及成品做假的方法层出不穷,在购买时一定要认真小心对待。

(1)颜色做假。①染色及炝色:通过加温把有机染料加进翡翠内部称染色。炝色:水好的弱翠加热到212℃,随即放入铬盐液中浸2个小时，铬盐会渗透到翡翠晶格内，使其为美丽绿色；②镀膜翡翠:用有机绿色染料涂于翡翠饰品表面，也叫“穿衣服”；③增亮不抛光:翡翠饰品不去抛光，而喷上一层绿色的或无色的增亮漆。

(2)原料做假。①二层石:主石为下等翡翠原料，在切口处粘一层水好色好的翡翠薄片；②三层石:主石为下等砖头料，中间粘上薄片正绿玻璃，其上再粘上水好无色翡翠的薄片；③人工做皮：原石中未找到绿或底差或赌石赌输了，而用同皮一样的泥砂和胶混合，再粘在翡翠原料表面上；④翡翠人工打眼：在翡翠近表层处打孔，孔内放人绿色物质，再把孔封上，使人们能从表皮看得见其内有绿；⑤火烧翡翠：新种玉用火烧后使人看不清而充当老种玉；⑥人做切割痕：做成像洗衣搓板一样，光线进不去，难以观察。主要是底脏水差裂多而为之。

(3)用其他绿色玉石及人造绿色饰品来冒充翡翠。

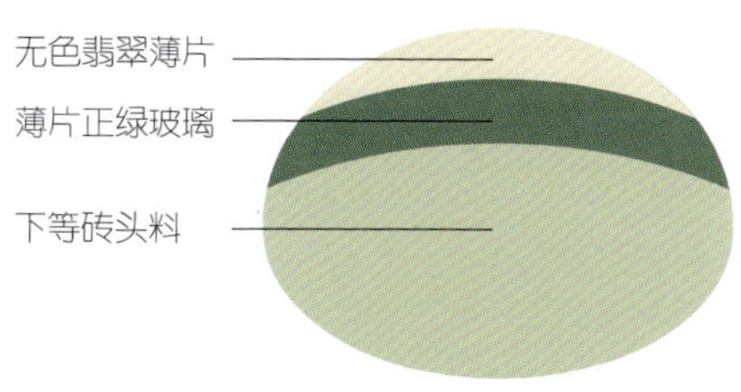

三层石原料做假示意图。

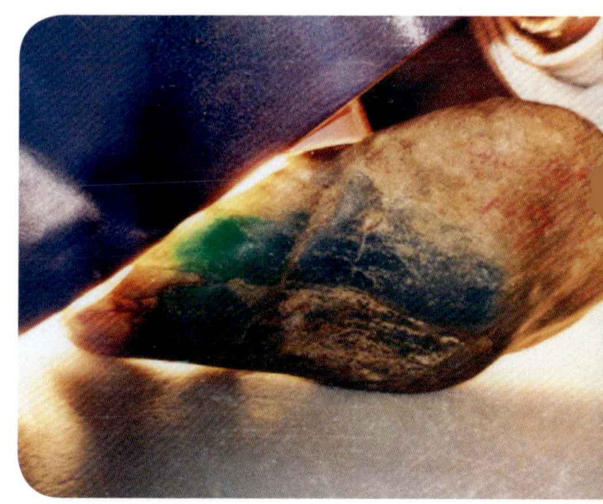

人工炝色翡翠原料。

人工注胶及染色（B+C）翡翠。

相玉专家循色微破开翠色带子，分析含翠情况。

观察翡翠原料的切片。

3.为什么说翡翠原料是世界上最难鉴别的宝石?

首先，翡翠原料有一层外皮，不易鉴别其内好坏；其二，即使切割开后因绿色变化大，也不易掌握它的规律;其三，它是矿物集合体组成，其内矿物成分的变化，也会影响它的质量;其四，影响翡翠质量的因素太多，给鉴定带来困难。如水、底、种、脏、裂绺及绿的分布，新坑、老坑等，而宝石多为单晶体矿物，矿物组成简单，有一定透明度，无皮较单纯，好坏真假好鉴定。再者，翡翠的做假手段高明，所以在实际中翡翠是所有高档宝石中最难鉴别的。

4.怎样选购翡翠饰品?

我们目前最常见的翡翠饰品有戒面、手环(镯)、胸坠、腰坠、耳环(坠)、胸花(胸饰)、马鞍戒及各类大小摆件等，除翡翠质量要如以上各项所述外，要在翡翠饰品设计雕刻上求新特奇，要在传统的基础上赋予现代的气息。粗细均匀、比例协调、饱满美观、巧用色彩。

(1)戒面:应饱满大方，长宽应尽量接近黄金分割率1：0.618，厚度应大于6毫米以上。绿色正且均匀，水透、少棉、少黑点、无裂绺、种老者为上。圆形、椭圆、心形饱满者也可，重量应大于5克拉以上。

(2)手环：粗细均匀，有绿或有色者，色应在手环外圈为佳。要水好、少棉、少黑、无裂绺、种老。圆形、椭圆形、雕花(应注意花内有小裂)、镶金(应注意金下有大裂)、不倒角的方边手环等，都是好的饰品。具体要根据人体胖瘦、高矮来选择。太瘦太矮戴粗手环，感觉沉重累赘，太胖太高戴细手环显轻浮不对应。老年戴深色水好，年轻戴艳绿通透，能突出表现自我。

翡翠女戒。

翡翠挂饰。
价3.6万元。

翡翠平安扣三粒挂饰。
2006年价1.8万元。

(3)胸坠(挂件):取材要具有文化内涵，凸显个性，突出自我修养，不可千篇一律。要展现翡翠的色彩美与质地美，使人观后清新悦目，产生高贵之感。要仔细寻找饰纹处是否有裂。厚度要适中，水好、种老、少杂质。雕刻内容应传统与现代相结合，要追求喜好的图案。配戴时应视体型、胸型来选择胸坠的长短、大小。

(4)耳坠:耳坠饰品形状大小各异，但以水滴形为佳。不管什么形状均应水灵通透、全绿或散绿均好，应显眼，10米距离望去如水欲滴者为上。

除翡翠饰品的造型外，还应考虑人们的个头的高低、身体的胖瘦、脖子的粗细、脸型、肤色，至服装的色彩与款式，只有这样才能配戴出美姿来。

翡翠耳环。价4.4万元。

翡翠尽含千载秀
春色欲上万年华

5. 世界七大宝石是否有翡翠?

至今，世界公认的七大宝石是钻石、红宝石、蓝宝石、祖母绿、金绿宝石(变石及金绿猫眼)、翡翠及欧泊。翡翠在世界珠宝交易及不折不扣的买卖中，占主要地位。

金绿猫眼

翡翠

红宝石

钻石

蓝宝石

玉在山而草木润
人藏玉则万事兴

1.翡翠的价值如何?

翡翠的价值取决于翡翠质量的八个条件，若达到完好全美称特级，但一般很难达到这八个标准。在评价时，最主要依据是看它的绿是否纯正均匀、水是否好、种是否老、底是否干净。翡翠的价格从20世纪80年代初期至1997年这十多年内，上升了近3000倍，这是因为国际市场看好，1985年香港国际拍卖行也开始拍卖翡翠饰品，使东南亚翡翠市场生机勃勃，我国及东南亚经济的快速增长，国外华人财富的迅速膨胀所致。1997年亚洲金融风暴以后，特级翡翠滞销。尽管香港大的拍卖行及知名品牌珠宝公司的成交量在减少，但价位依旧，每年还以15%~20%的幅度上扬，说明好翡翠产量愈来愈少，人们希望通过收藏翡翠而升值。

目前，一枚20cm×12cm×6.5cm完好全美的翡翠戒面价位在300万元以上；有一点棉黑点、但形状好的戒面在100万元以上；特好粗圈手环可达千万元；一般全美但只有三分之一绿的手环价位也在50万元上下；一些非常有特色的新特奇翡翠饰品，均可达到几百万元至上千万元不等。

翡翠男戒。2005年价12万元。

2.人造翡翠是否上市?

1984年12月美国通用电器公司，在世界上首次人工合成了翡翠。他们把钠铝氧化硅置于1480℃的高温中熔化，凝固以后把它粉碎，在高温下以每平方厘米加1250吨压力，形成白色翡翠的结晶，再加入不同颜色添

加剂即可得到不同颜色的翡翠。但成本太高，高于市场卖出价而不能上市。近年来我国核工业部和中国科学院的科学家们，也成功地进行了翡翠的合成。人工合成翡翠的各种数据与天然品基本一致。但合成品不具交织结构、无翠性即苍蝇翅膀的特征，达不到晶莹润亮，而且水头干巴，无法进行商业性生产。

翡翠手镯。2002年价35万元。

翡翠宫灯，由24片翡翠及金丝组合而成，翡翠种、水色俱全，绿为艳绿斑块，为传世珍品。

国外有人将硬玉原料粉碎，磨细到800目以上，除去杂质，然后再经过高压固结，最后在加温的过程加入三氧化二铬的加色剂。有人试验但不见上市。对合成翡翠应密切注意，能在刚出现时识破，才不会给消费者带来损失。

3.翡翠国际市场走势如何?

要预测未来翡翠的走势，主要了解中国各省区、台湾地区、香港地区及周边国家的翡翠市场。自1997年后，亚洲金融风暴的影响，整个翡翠市场大滑坡。中国香港地区受周边国家的影响，已使大批翡翠珠宝商倒闭或转行。拍卖行的翡翠珠宝拍卖，也失去了往日辉煌，拍出率不到10%。去缅甸仰光、瓦城和中国云南等地的珠宝商减少到几乎没有，由此可以看出翡翠珠宝业的不振。台湾的经济一片混乱，股票缩水，一夜之间从中产阶级降到贫民，人心惶惶。周边的日本、韩国、泰国及菲律宾、印尼、马来西亚等国的经济都处于变动之中。故翡翠珠宝市场，在3~5年内不会有大的好转。若美国及世界经济再度滑坡，其经济恢复可能要10年以上，所以大家要注意经济动态，小心经营。但从2002年下半年开始，到今，翡翠价格猛涨，随着经济的增长，各种珠宝翡翠都有较大的涨幅。但要注意珠宝市场的突然洗牌。要密切关注世界及中国的经济动态，防止突然洗牌对珠宝企业造成冲击。

但在我国某些人群及部门，翡翠珠宝还是有一定销路的。首先中国人口众多，一些中低档次的翡翠有一定的销路。而珠宝门市太多，分散了利润。另外，一些先富起来的人群，一些在华的商务机构人员，一些黑色、灰色收入者，和其他某些特定人群等均是近期翡翠珠宝消费的主要群体。生意人就要瞄准这些群体。

4.翡翠集散地为何迁往仰光?

历史上长期以来翡翠的集散地都在腾冲。我国改革开放后又扩大到盈江、章凤、瑞丽等云南边境口岸。近几年，缅甸政府允许国外珠

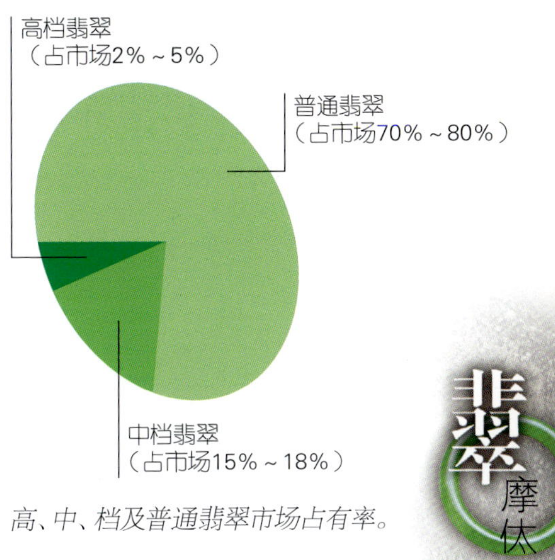

高、中、档及普通翡翠市场占有率。

五大宝石价格涨幅图（1980–2000）。

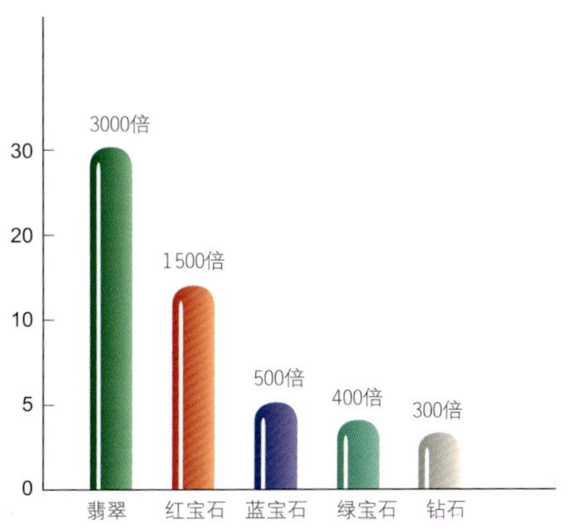

宝商人进入缅甸采购宝玉石原料，每年还举行珠宝翡翠拍卖会，加上缅甸政府又关闭了密支那通往云南腾冲、盈江的通道，促使大量翡翠原料及成品直入仰光交易，我国各地珠宝商也大量前往仰光采购，使翡翠交易集散中心移至仰光。

翡翠手镯，饱满大方，颜色艳丽。1998年价40万元。

5.刺激消费者购买翡翠的愿望是什么?

任何翡翠饰品及艺术品，首先要赋予一定的文化内涵。能给人以美好的艺术享受，才能赢得广大消费者的青睐。一般刺激消费者购买欲望是：首先应具有艺术魅力，产生视觉美感使你爱不释手，然后产生强烈的占有心理，最后才有购买行动。美感艺术性强、新特奇的翡翠艺术品，人见人爱，就会畅销。

翡翠胸花，设计新颖大方，具有新意。2006年价3.6万元。

翡翠之绿是童真之绿，是纯情之绿，是生命之绿

摩
休
识
翠

6.购买翡翠时怎么进行还价?

在购买翡翠时，一般人会被卖方所开高价而不知所措，故买方的第一口还价便是十分重要的。它能说明你的估价水平、业务能力及技术水平高低。给价太低易产生笑话与不快，太高吃亏。这就需要对各地玉石行情、运费、关税、手续费、外汇牌价，所买原料做出的饰品卖到哪里，能卖什么价等，都应有个估计。故在购买进货前，应注意以下情况:从翡翠行家手里购买高档货，一是很难赌涨，二是很难在做成成品后得利。从翡翠行家手里买明货，一定要了解能做什么，做什么最赚钱，卖到什么地方，否则将吃大亏。因为高手们计算精确，他们不能卖出高价钱，就会自己去加工饰品的。故你须估计有利润，否则再好也不能买。在谈价还价时，不要被卖方所叫的高价吓倒，首先要对这有个大概估计，货从什么地方运来，研究过没有，表皮是否有研究过的痕迹，能做什么，做什么值多少钱，根据这些情况恰到好处地给他一个最低价，而不管他所喊的天价，但最低价要恰当。然后再慢慢加到你可承受的最高价，若买不下来，你可慢慢地磨，等待事情转机，一定能交易成功。

翡翠玻璃底观音。2001年价6.8万元。

7.改革开放后，云南边境翡翠贸易情况

1980年前全国只有北京、上海、天津、广州等少数外贸单位被批准进入腾冲购买翡翠原料及成品，腾冲为当

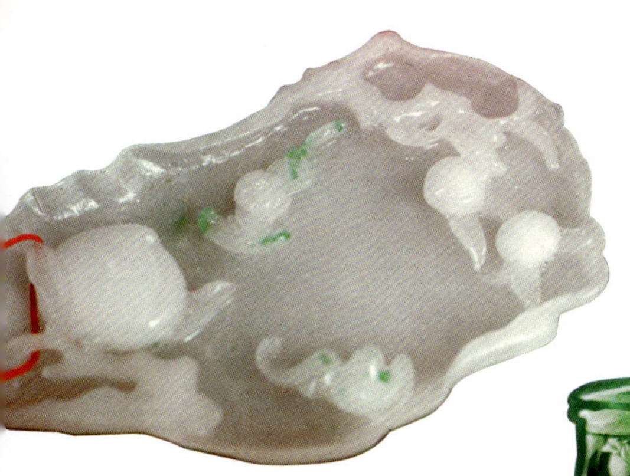

白色翡翠，洁白如雪，润之如油，让点缀了几点黄秧绿的翠斑，格外醒目提神。购于1994年。

时我国唯一的一个翡翠市场，严禁个人及其他公司经营。1984年前云南边境只有腾冲的猴桥、盈江的昔马、陇川的章凤、畹町的裕丰商号及瑞丽的一号商业点及三号商业点，可以进行翡翠交易。这些交易点在中缅边界我方一侧，封闭落后，吃住交通十分不便。在购货时需海关、工商、公安、税务、商号人员一同前往，不准单独与缅商接触，看管严格，如临大敌。1985年后我国经济出现高速发展，带动了珠宝业的发展。1986~1996年间，边境经营翡翠原料的商家近千家。在这段时间里，仅原料每天成交额平均在500万元左右(包括正规与地下交易)，年交易额在15~18亿元上下。1997年后因国内及东南亚经济形势的影响，交易额下降到10%，翡翠交易冷清。

翡翠巧雕挂饰。

翡翠平安扣晚装三件套。
2004年价25万元。

翡翠
第三篇
价值评估

一 翡翠的价值评估

对翡翠的评估可分为质量评估与价值评估，价值评估是在质量评估的基础上进行的。翡翠的价格是指翡翠稀缺程度在自由竞争的市场经济条件下的敏感反映，是翡翠的价值在社会上的认同程度。通俗地讲，就是在市场交易过程中买卖双方同意支付和接受的全额货币。价格反映出在特定条件下，特定的买方与卖方，对商品价值的认可。

翡翠的价值是个经济概念，是讲翡翠交易与买卖双方之间的货币数量关系。是一种社会认同，是人们对翡翠合理价格的一致看法。这里面存在人们的需要、利益及其发展和变化的作用及意义。

翡翠的评价或评估是指人们按照一定的价值标准对翡翠珠宝的价值进行比较判定的过程。是用货币来表达的。

翡翠胸花。
2005年价3万元。

当下对翡翠原料的价格评估十分混乱与盲目，很多人不知该怎么下手去评价。按理应把翡翠原料扒皮、切片，让买家看个清楚，这样只要与翡翠质量评估的八个条件加以对照，做出翡翠质量的好坏，再根据所能看到的这块翡翠绿有多少、种的好坏、水的长短及能做什么艺术品、做多少、这些艺术品在国内外的行情，就基本上估出这块翡翠原料的底价来，这是一个保本价。还有的翡翠原料，外表有很大部分被皮包裹，搞不清其内是否还有绿色，这就要靠技术与经验去冒一下险。若皮上表现好，如见微绿色苔藓物质、黑色斑块、条带，强光照射切口与皮壳交界处的绿色部分有向内部延伸之情况者，即可去冒一下险。在底价的基础上，根据具体情况再加价钱。加价多少没有什么规律可言，完全靠经验，主要是地质技术在宝玉石学上的大胆应用。赌石，在翡翠矿山以外的地方购买翡翠原料，是很难赌涨的，绝大多翡翠原料的切口处或擦开处见到多少绿色，这块料基本上就是多少绿。玉石矿山及集散地有许许多多的人专门从事研究挖出的每一块原料，有希望的他们就动刀去切去磨去擦，没希望的就伪装后拿到各地出售。经常在内地听说某某赌涨一块翡翠，值几千万，这几乎是不负责任乱讲。真正赌涨的均为缅甸玉石矿山的本地人。就是矿山上的人，能赌涨上千万的也屈指可数。上等翡翠是很少的，一块翡翠原料从矿山到内地，过五关斩六将地到了一般人手里，是完全不可能赌涨的。故要提醒翡翠迷们，买赌货要慎重，要买也可以，前提是赌货价格便宜。哪能一块什么表现都没有的翡翠，却要卖上几万几十万呢？就是表现好，那也还未见“真”，价格也是不能高的。因为那毕竟是赌货。近30年来多少赌翡翠的“英雄豪杰”，走上黄泉不归路。在评估市场赌石是不予评价的。一块已切成片或看得清的翡翠原料，对它的估价就是首先能否做大粒而饱满的戒面及全绿手环，饱满戒面及全绿手环很难寻找，故它的价格十分昂贵；次为做耳坠、胸饰之类及一支手环上有尽量多的绿；最后才

翡翠马鞍男戒。2001年价2万元。

翡翠荷叶牌。

翡翠财神。黄沙皮，大谷地产，艳绿满色翡翠，背面见鸡油黄薄层水种俱全。
1996年价760万元。

轮到做挂件，挂件不一定全绿、丝状点状绿均可；若翡翠是散点花状或浅绿色，做薄了做小了，颜色就十分浅淡了，这时可做摆件雕刻品。

这样，在估计能做什么艺术品后，再根据市场价格、即可正确估计出此翡翠的底价来。

对于翡翠饰品，如戒面来说，形状饱满大方，厚薄适中，镶工好。对全绿手环来说，圈要粗，不能有裂。以上两个饰品中哪怕其内有白棉或黑丝也会影响它的价格。对摆件雕刻品的估价，首先应考虑原料的好坏，再考虑做工是否有内涵、有新意等。能大约估出翡翠原料的价值，加上做工等，就是它的底价了，再加上艺术价值，就是它的全价值。艺术价值可高可低。一般名人作品、新与奇的作品价值很高。全绿通透，无裂无棉，做工新颖，那它的艺术与原料价值都是很高的。如1997年5月30日，北京太平洋拍卖公司拍出的一件全绿"翡翠财神"，以760万的底价成交，创国内翡翠拍卖的最高纪录。

还有一些翡翠原料，因绿色的形状所限或其他原因，不能做首饰之类，可视绿色的形状厚薄等情况，发挥想象力，做一些世间少有的艺术品来增值。

可以这样说，当判断翡翠颜色的好坏时，要具备色彩学的直觉，在鉴定翡翠的质地结构时，要具备光学物理学的知识，要决定翡翠的价格时要具备冒险家的胆识，又要有稳健正确的判断，这是做好翡翠贸易及评估工作的素质所在。

二 翡翠评估内容

翡翠的价格是一个十分复杂的问题，它有很多制约价格的因素，因为绿色及其他条件变化无穷。如：①翡翠绿色的偏正；②绿色的浓淡均匀程度；③绿的形状；④绿的水头；⑤绿内杂质及干净程度；⑥绿内裂柳白棉石花的多少；⑦翡翠的新种老种；⑧绿色的重量。以上是估评翡翠价格的主要依据与条件，缺一都不能称为特级。其次还有：翡翠的工艺价值、文物价值，以及翡翠的艺术及精神价值，如对翡翠的鉴赏能力、喜爱程度、东方文化及民族特点、艺术生命力等。

前几年香港拍卖成交一对翡翠手环1200多万元港币，一串项链700万港币，一只翠戒400万港币等等。值吗?我说值。翡翠这个行当，喜欢就是价，人家都愿意出高价购买，我们有什么想不通的!对一般人来说，呀！一只手镯600万，疯子；而对有些人来说，小菜一碟，不但满足了自尊心、虚荣心，而且还象征着财富。东方人爱玉如命，精神上得到了莫大的安慰与享受，这是用数字无法衡量的。这是对特级翡翠而言，而对一般档次的翡翠成品来说，它是有一个大致市场流通价格的。一般档次的成品，在市场上一般在千元上下，如果卖1~2万，当然太离谱了。但是同一类中低档次的翡翠成品，价格高低几十、几百元甚至几千元，特级翡翠成品，高低百分之几十，是完全可能的，无可非议的，只要是喜欢。

翡翠53粒项链。

对一块高档特级翡翠原料的估价，比较困难。一块玉料，有人出80万，有人看120万，而有人只给20万，差价之大真是天壤之别。这主要是与各人的技术水平，对翡翠市场接触面的大小，对翡翠加工工艺的认识程度，对市场行情的了解程度，各人的客户需求情况及销售渠道有关，在某种意义上讲还与买卖人的知名度有关，故他们估价的差别就出入很大。我说只要买进有眼力，卖出有把握，再有胆量，哪怕价钱比别人出的高，照样能赚钱。

实际上，看玉给价是有一定规律可寻的。如一块翡翠已开口，并见高翠，那么就要估计所见到的绿，翠到什么程度，能做什么,做什么能卖高价，在这个基础上估计一个价，这个价是见多少绿给多少钱的价叫实价。接下来再观察绿进去了没有，大约进去多少，整块玉料表皮的表现如何,表皮是否还有绿的显示。若表皮表现很好，其内还可能有绿的存在，那么就可在实价基础上，加上百分之几十到几倍不等。加价的多少除了开口处及表皮显示的好坏(这是主要依据)外，还与销售渠道，是否为直接消费或转手销售及信誉程度有很大关系。

翡翠原料。

若表皮一点绿的显示都没有，只见开口处的绿，那要给的最高价，应低于实价，才不致于亏本。这就是购买高档翡翠估价的大致依据与准则。用以上方法去估价翡翠，就是亏了，也亏不了多少，至少能保本。

对翡翠的估价内容很丰富，我在这里只是提一个思路，供大家在实践中能悟出些道理来，做好翡翠的估价工作。

特级翡翠原料或成品，它的色一定要翠绿，鲜艳，纯正，均匀，通透晶莹，不能有偏蓝的感觉，而且种好水好，这是第一位的。其他方面要配合得恰当，因特级翡翠大多做首饰品，故它一定要全翠且完美无瑕。而翡翠玉雕工艺品，一般用一些散绿翡翠原料制做，舍不得使用全绿特级翠料加工玉雕工艺品(若做就价值连城了，但要损失很多高翠料)。故有些裂隙白棉石花都可在设计造形时加以克服。工艺精巧，也能创造很大价值的。

翡翠挂饰。

一般来讲，全美无瑕翡翠原料一公两在100万元人民币左右，甚至还要高出许多，一块高档次的玉雕料一般在几千到几万元一千克不等。

我们在购买翡翠原料时，全美无瑕之特级翡翠是较少的，而大多数都有这样那样的毛病，这就需要看什么毛病、毛病的大小及严重程度，它将直接影响翡翠价格。下面我们再进一步研究影响翡翠价格的诸多因素。

1. 颜色与水头。

最高档次的特级翡翠的颜色，它应是祖母绿、秧苗绿、苹果绿、翠绿，且其他条件均要上好。

玻璃底镶边翡翠挂饰。2005年价6万元。

有些翡翠成品，肉眼观察微微偏蓝，但不明显者，我们称“少点黄味”，这类色调的翡翠当然比不上特级翡翠的色彩，但只要其他条件均好，也是较好的翡翠品种。但比特级翡翠的四种绿来说，要低一个级别，价格要低几十倍到上百倍。

有些翡翠成品，肉眼观察明显偏蓝，但还能看出绿色调，其他条件均较好者，价格又低得多，要比特级翡翠的四种绿低几百倍至上千倍。

偏蓝色深肉眼观察不出绿色调，灯光照射才见绿色调者，称“见绿油青”。形状好者大粒，价格在几百元上下。

蓝或蓝黑者，灯光照射为蓝色调者，称“油青”，大粒者价格在几十元一粒。

有些高翠玉料，看上去很暗，甚至偏了颜色，故一定要拿到阳光下，用暗色金属片或暗色纸片隔着阳光观察，看绿是否翠正阳和，是否均匀浓淡及是否有杂质之类，再看阳光透进多少。有些高翠因表面凸凹不平，加之有绿部分较厚，影响光线的透度与折射，致使我们的判断产生偏差。只要在阳光下透过金属片边部观察为正色，而且阳光能进0.3～0.6厘米以上者，只从色与水来说均为好料。这就是别人认为偏了色而有人敢高价收购的原因，这样的玉料以做戒面或首饰为主，做出的成品绿色调与原料上的色调完全不同，变得翠艳绝顶，价值也就很高。

赌涨之石。重470克，木纳厂产，皮为黄色，高翠，种好水佳，为1995年所购，其中做的一个挂件售出104万元。

有些翡翠，全绿通透，颜色正黄味足，聚光手电照射，光线可进5厘米以上，阳光能透进l~2厘米，翠液欲滴。这类玉料，不能做高档次戒面或首饰品，否则颜色就十分浅淡甚至无色了，最好找出能发挥最大翠色的厚度来设计一些高级工艺品，也是十分高贵的。这样的翡翠比做首饰品的高翠料，价格要低得多。这是在购买玉料时要特别注意的问题。

有些翡翠，绿的很鲜艳且色正，但阳光透不进去，聚光电筒照射也只能透进1毫米左右，这样的玉料，它的透明度，或说水较差，“底”干，它的颜色再好，也是上不了档次的。只能为中偏下等，甚至下等玉料，做出的成品工艺再好也是卖不上价的。还有一种叫“铁龙生”的翡翠，含铬很高，色很翠且深，杂质少透明度差，也是不好的玉种，它只能做一些薄的耳片或两广一带称钱玉的饰品，用来系在腰间或当胸坠以求吉利之类的物件。一薄倒显翠绿晶润了，但特级铁龙生质量非常好，价很高。

“铁龙生”翡翠原料。

2.黑灰与裂绺。

翡翠的色，哪怕是最高档次的绿,若有黑与灰，“地张”不净，都严重影响它的价格。翡翠内最怕黑灰与绿溶为一体，这样的玉料，若黑灰为后期的铁元素引起，还可用化学方法加以处理，若为高含量铬及铁钛离子引起,无法处理,这样的玉料要根据黑与黑之间有没有净绿的存在，净绿的地方能做什么等进行估价。但一般这些玉料卖方是不敢抛光或只在干净处抛光，故您在选购时，应仔细观察，它的价格是很低的。

翡翠原料。

另外，翡翠内要无或少白棉石花及筋绺等。再高档次的翡翠，石花白棉筋柳一多，将严重影响它的洁净度，价格要降低很多，要根据这些石花白棉之类的多少，再据其他方面的条件来正确估价。

翡翠料也最怕裂纹。裂可分大裂小裂，大小裂并存,高翠料只要裂与裂之间能做标准之高级首饰品（高档首饰品，不能有任何裂纹的存在），还是可以购买

非常罕见的艳绿糯化底手镯，纯净微带紫罗兰。2004年价30万元。

的，因它的成材率很低，价格当然要低得多。高档的玉雕料，不但要有较好的翠,而且还要有较好的翠外部分，故裂纹若在翠体上的，而又无法遮藏的，价格就要低得多,若裂纹在翠外部分上那这块料就好得多。任何用做雕刻的翡翠料，只要您在设计工艺上能把裂纹遮得住，不显露，也还是可以的。但有些通裂是很难藏得住的，说不定要从通裂处切成二块或几块，因为料变小了，可能还破坏了绿的完整性，故要很好计算一下价格。凡是好的翡翠玉雕工艺品，除了翠料好，工艺好外，它的任何部位均不能明显见到裂纹。

有些翡翠的绿为散点状、细脉状、片状，做不成标准戒面或其他首饰品的随形绿，做出的饰品不是全绿，其价格要比全绿翡翠低得多。若“底张”很好，能与色很好配合，也可做一些首饰品及工艺品。

3.翡翠新老厂及新种、老种。

翡翠有新厂老厂及新老厂之分。新厂产大部分为新种，这样的玉料再好也比不上老厂产老种玉。老厂老种玉的结晶细腻、结构紧密，硬度、折射率较高,色彩亮润，色与底融为一体，搭配得当，做成成品后增色增亮，显现绿色宝光。故同为高翠料，因质量差别很大，老厂产老种玉比新厂产新种，价格要高出上千倍甚至万倍。

对翡翠的估价依据，就是前面所谈的八个条件，若达到了称质量好。若绿的重量大、工艺好，那就价值连城，只要卖方愿意卖，买方喜欢买，价格再高也属正常。翡翠的质量是第一位的，其次才考虑工艺的好坏，制作年代的远近等。

但是，翡翠原料或成品，它们的质量变化无常，没有固定的标准模式，一块全扒了皮的无瑕翡翠，切开后也可能有很大变化，它的实践性很大，只有多看多买多做多经营，才能体验到翡翠作价的规律。

在世界珠宝市场中，高档珠宝价格波动较大，滞销、淡市受世界经济状况的影响很大，唯有高档特级翡翠一直看涨，自从有了翡翠市场以来，特级翡翠一直保持强劲势头。近十年来翡翠价格上涨了上百倍，这主要因为全美无瑕翡翠产量稀少，且具保值作用。最主要是东南亚各国及地区(尤其是华侨)的经济快速增长有重大关系，东方民族自古就有爱玉佩玉的赏好，致使特级翡翠的价格暴涨。目前，翡翠饰品有向西方国家挺进的趋势，他们正逐渐认识与接受。

翡翠路路通摆件。

三 翡翠评估人员素质

珠宝评估是珠宝市场与珠宝研究之间的桥梁，是宝玉石研究领域里最为复杂的一门学科。掌握宝玉石的评估，尤其是翡翠的评估是很困难的。我国翡翠珠宝评估人才十分缺乏，主要表现在评估人员只有理论知识而缺少实践经验，特别是了解掌握宝玉石市场的能力十分缺乏。翡翠珠宝评估人员不仅要具有扎实的宝玉石学知识、评估知识和珠宝营销经验，而且必须掌握市场的最新行情动态，正直的人品，有能力、有经验、有谋略、知识渊博的评估专家。一个好的评估人员应具备如下条件：

1.经过宝玉石学专业正规教育，全面掌握宝玉石学理论，尤其是宝玉石的鉴定和分级及宝玉石的色彩学理论。

2.要具备非常扎实的翡翠鉴定技术，并能使用常规鉴定仪器，读懂各种翡翠鉴定的光谱谱线。

3.对翡翠原料及饰品的国内外市场价格与价值要很熟练掌握。

4.对各种档次翡翠原料和饰品的源头价和终端价要十分了解，并随时掌握行情的变动。

5.要收集世界级、国家级及省级拍卖行、大型珠宝企业所拍出、售出各种翡翠物件的价格和价值，在评估时用以对比参照。

6.要非常熟练的掌握各种档次翡翠质量的好坏，工艺设计合理与否，做工的精良程度以及玉文化在翡翠设计造型上的表现。

7.要研究理解中华古玉文化、白玉文化和翡翠文化的精髓和内涵，并初具古玉鉴定技术。

8.要具备翡翠市场预测能力，营销经验，从世界和中国经济社会上的走向，政策上的变化预测翡翠市场变化的能力。

9.评估人员应具备诚信、公平、公正、客观、科学的品质。

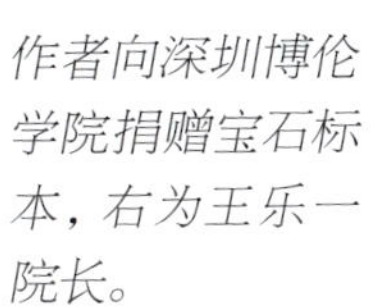

作者向深圳博伦学院捐赠宝石标本，右为王乐一院长。

作者在指挥人工解玉。

茂盛——多福多子翡翠摆件，以镂空手法高超地处理了翡翠内部的白棉，茂茂密密，层层叠叠，错综复杂，刀刀有寓意，面面得自然，美到石头跟着艺术家的刀工笔意行走的程度。

1.5cm×7.3cm×4.3cm，重252克。

2005年价88万元。

第四篇 翡翠成品的商业等级评价

翡翠成品商业等级划分，是珠宝界尚未解决的一大难题，主要原因是它的颜色丰富，变化太大。

本文对翡翠等级的划分，主要是以翡翠的绿色及种、水为主，根据翡翠原料和成品中出现的各种绿色和其他颜色以及其他评价条件，进行归纳划分，使之合理、规范、实用，也是本人30年来对翡翠实践与研究的总结。

翡翠，从广义上讲是指具有商业价值、达到宝石级的硬玉岩的商业名称，是各种颜色宝石级硬玉岩的总称。狭义的翡翠概念是单指那些绿色的宝石级硬玉岩。

翡翠是一种以硬玉为主要矿物成分的辉石族矿物组成的集合体，是一种岩石学概念，它们的三种主要物质组成(SiO_2、Al_2O_3、Na_2O)非常接近其理论含量值. 即使SiO_2为59.44%；Al_2O_3为25.22%；Na_2O为15.34%。硬度6.5~7，比重3.33左右，折射率1.66。

翡翠生成的条件非常苛刻而复杂，影响它质量好坏的因素颇多。根据本人多年的实践，提出翡翠商业等级评价意见。

翡翠辣椒挂饰。

一、翡翠的绿色及均匀程度

一级：极均匀纯正绿色. 包括祖母绿（深正绿色）、翠绿、苹果绿、黄秧绿。色与“底”融为一体，不浓不淡。绿色艳、润、亮、丽，非常稀少，价值连城。

二级：较均匀正绿色。整体绿色深浅适中且均匀，但在整体绿色中，见少量较浓的绿色条带、斑块、斑点

翡翠如美色，未嫁已倾城

翡翠满色手镯，2001年价30万元。

翡翠冰底金丝绿手镯，2000年价45万元。

翡翠手镯，2000年价5万元。

等。绿色艳、润、亮、丽者较稀少。

三级：不均匀正绿色。整体绿色不均匀，其内绿色浓淡分布，整体绿色浓淡适中，绿色艳、润、亮者。白色或其他颜色的翡翠上，分布有散点状、条带状、斑块斑点状的正绿色的，评价时视绿色的多少、大小、厚薄或绿色所占饰品体积百分比来决定升降等级。主要依据绿色部分能否做标准戒面及其饰品为评价原则。

翡翠耳坠。

以上正绿色翡翠光谱波长在560nm~510nm之间。通过训练，眼睛可准确判断此光谱波长之内的翠绿色彩。以上三个级别内，若绿色浅淡或较浓时，可根据其他评价条件降等级。

四级：微偏蓝绿色。光谱波长在510nm~490nm之间，及浅淡正绿色、浓深正绿色、鲜红色、紫罗兰色、艳黄色、纯透白色。颜色均匀，不浓不淡、润、亮、丽者。若颜色不均匀，整体微蓝绿色、红色、紫罗兰色中见深浅色调者，可根据等级评价的其他条件降级别，若微偏蓝绿色浅淡或较浓时，应降等级。

若白色或其他颜色的翡翠上分布有散点状、条带状、斑块、斑点状微蓝绿色的，评价时视微蓝绿色的多少、大小、厚薄或微蓝绿色所占饰品体积百分比来降低等级。

若翡翠饰品上有正绿色调在内的四种以上色彩者，尤其是五彩玉是十分珍贵的，评价时视绿色在五彩玉中的多少来升降级别。

五级：蓝绿色。光谱波长在490nm~470nm之间，及淡红色、淡黄绿色、淡紫罗兰色，见绿油青、纯透黑色翡翠等，色调均匀、不浓不淡、润、亮者。若色调分布不均匀、浓淡明显者，可根据其他等级评价条件降级别，若蓝绿色浅淡或较浓时，应降等级。

若白色或其他颜色的翡翠上，分布有散点状、条带状、斑块斑点状蓝绿色的，视蓝绿色的多少、大小、厚薄或蓝绿色所占饰品体积百分比来降低等级。

六级：蓝、灰蓝色。光谱波长在470nm～460nm之间，及暗蓝色油青等，色调均匀纯净、润者。

金龙玉凤拜观音，观音做工祥貌祥和秀美，体态丰盈，造型流丽。1994年刘淑平设计制作。
缺点：因雕工繁杂过细，翡翠亮丽艳润的宝光无法显现，原料上部绿色均匀，水种上乘，但下部绿色发灰，不均匀，水微短。
(左为原料，右为成品)
5.5cm×4.1cm，1996年价70万元。

翡翠冰底如意锁。

翡翠饰品颜色分级表

级别	纯正程度	均匀程度	深浅程度	色泽	光谱波长/nm
Ⅰ级	纯正绿色，包括：祖母绿（深正绿色）、翠绿、苹果绿及黄秧绿	极均匀	不浓不淡	艳、润、亮、丽	苹果绿、黄秧绿560~530祖母绿、翠绿530~510
Ⅱ级		整体绿色较为均匀。内有浓的绿色条带、斑块、斑点	整体绿色不浓不淡	艳、润、亮、丽	
Ⅲ级		整体绿色不均匀	浓淡不均总体绿色较适中	艳、润、亮	
Ⅳ级	微偏蓝绿色（含浅淡正绿色、浓深正绿色、鲜艳红色、紫罗蓝色、黄色、纯透白色）	整体微偏蓝绿色均匀	不浓不淡	润、亮、丽	510~490
Ⅴ级	蓝绿色（含淡红色、淡黄绿色、淡紫罗蓝、淡黄色、见绿油青及纯透黑色翡翠）	整体蓝绿色均匀	蓝绿色不浓不淡	润、亮	490~470
Ⅵ级	蓝、灰蓝色（暗蓝色油青等）	均匀	不浓不淡	润	470

翡翠寿桃挂饰。

二、翡翠的透明度(水)

翡翠饰品透明度（水）分级表

级别	透明度（水）	阳光透射时程度（mm）	常见品种
Ⅰ级	全透明	10以上	纯净无色，老种，玻璃地品种
Ⅱ级	透明	6~10	部分浅绿色，老种，玻璃地品种
Ⅲ级	半透明	3~6	特级翡翠常出现此级
Ⅳ级	微透明	1~3	部分特级翡翠及绿色浓者含杂质粒粗者
Ⅴ级	不透明	阳光投射不进	色浓、地差、杂质多，粒度粗细不均者

三、翡翠的结构与构造（种）

翡翠饰品结构与构造（种）分级表

级别	划分标准	种份级别
Ⅰ级	结构细腻致密，粒度均匀。10倍放大镜下不见粒度大小者及复合原生裂隙、次生矿物充填裂隙。粒径小于0.1毫米为微细粒。不见翠性。	老种 见绿色宝光
Ⅱ级	结构致密，粒径大小均匀。10倍放大镜下见少量复合原生裂隙、但不见次生矿物充填裂隙，可见粒度大小者。粒径0.1毫米~1毫米之间为细粒。偶见翠性。	老种 偶见绿色宝光
Ⅲ级	结构不够致密。10倍放大镜下见细小裂隙、复合原生裂隙及次生矿物充填裂隙，粒度大小不均匀。粒径在1毫米~3毫米之间为中粒。见多量翠性。	新老种
Ⅳ级	结构疏松，粒度大小悬殊。肉眼可见裂隙、复合原生裂隙及次生矿物充填裂隙等。粒度大雨3毫米以上为粗粒。见大量翠性。	新种

四、翡翠的纯净度

翡翠成品纯净度分级表

级别	划分标准
Ⅰ级	非常纯净不含杂质。10倍放大镜下不见任何裂、白棉、黑点黑丝，在不显眼处偶有个别白棉黑点。
Ⅱ级	纯净。杂质含量稀少，10倍放大镜下不见裂。肉眼见少量细小黑点、白棉及黑灰丝等。
Ⅲ级	半纯净。含少量杂质，肉眼不见裂。10倍放大镜下见少量裂。肉眼可见少量白棉、黑点黑灰丝及少量冰渣状物。
Ⅳ级	欠纯净。肉眼见少量裂，及较多白棉、黑点、灰黑丝及冰渣状状物。

悠悠玉道，翡翠为大

摩佽识翠

翡翠扳指五件套。

五、翡翠成品的形状、做工及重量

首饰类要自然流畅，粒细均匀，饱满大方，比例协调。有绿部分厚度应大于6毫米以上，最薄处不能低于3毫米。其戒面长宽之比例应尽量接近黄金分割率之比例(0. 618)。圆形、椭圆形、心形及其他饱满特奇形状也为上品。

雕件类要量料取材，依材施艺，突出美的色彩和质地，要古典与现代相结合，东方艺术与西方艺术相结合来体现时代感。构图要协调新颖，构思要深邃，设计要巧妙，应琢疵剔瑕、和谐美观、层次清晰、透视感强。全绿或绿的部位应勾勒简单明了，雕工不要繁杂，尽量暴露绿色大面，使绿充分显示，达到绿色明朗，清新悦目。

具文物价值的翡翠饰品，应首先评价原料的优劣，再结合做工的好坏、时间的长短来综合评价。

全绿翡翠饰品重量大于5克拉以上者，才具有保值性、财产性。

对翡翠饰品进行商业等级评价时，上述五大因素要综合考虑。同时达到五项最高标准者称特级。只有在翡翠成品各类档次的商贸活动中，尤其是高档、中高档商贸交易中，才能深刻体会翡翠成品商业等级评价的规律及尺度。

翡翠冰底绿观音。

翡翠金丝绿手镯。
内径：5.8cm，宽：1.6cm。
2005年价30万元。

第五篇

翡翠

商业和贸易

一 翡翠珠宝交易情况

那就热爱翡翠吧 若要留住您的春天，

我国翡翠珠宝业市场回顾

1. 1949年~1979年，党的三中全会以前,为停止期。

2. 1980年~1985年，为我国珠宝业的萌芽期。(主要为国营外贸单位经营及黑市挖墓者)。腾冲被指定为全国唯一的珠宝交易地。

3. 1986年~1992年，为发展期，无序的全民买卖珠宝玉石。

4. 1993年~1997年，为健康发展巩固期。

5. 1998年~2001年，为珠宝行业的萎缩期，主要受东南亚金融风暴的影响及我国的产业调整。

6. 2002年至今，为飞速发展期。其中存在珠宝翡翠的一些泡沫经济。

市场现状:

1. 2004年宝玉石销售额达1000亿元，2003年为960亿元，为世界上几个少数超百亿美元的国家之一。但翡翠销售不足150个亿。

2. 2003年大陆黄金销售量超过250吨，铂金达45吨，占世界铂金产量的六成。

3. 翡翠原料集散地已从20世纪90年代的滇西移至缅甸瓦城及仰光，部分翡翠原料从海上进入广东省。

翡翠成品加工集中在广东省的揭阳、平州、四会及广州市。云南除腾冲作为老的翡翠集散加工地区外，瑞丽近几年翡翠加工业有很大发展与进步。零售业以云南、北京、上海、广州为主要消费地。

二 怎样做翡翠生意

任何珠宝交易，尤其是高档的稀世珍品的买卖，承担的风险都很大。翡翠也不例外，而且还是世界上一种最难识别、最难吃透的宝石。翡翠交易是人的智慧、毅力、胆量与人的素质的较量。谁能抓住时机攻破对方心理防线，因势利导，谁就能在精神上压垮对方，从而用较为合理的价格购到理想的宝石，在翡翠买卖中稍不留神，就可能倾家荡产。

故做珠宝玉石贸易时一定要以信誉为本，建立公司或个人的良好形象，只有这样才能把宝玉石的生意愈做愈好，愈做愈大，否则可能凶多吉少。我把自己多年来积累的经验介绍给大家参考，当然，有些经验不是能用文字写得出来的，要通过实践去掌握。

刚做玉石生意，资金有限，最好能购买带绿的、每块价在几万元到几十万元的色料，玉料既见绿又要吸引人，才能使人联想到绿的部分会延伸到玉料皮之下，又见绿又有赌，价格又不高，这样三全其美的原料，出手快，有利于资金周转，这是比较可靠稳当的方法。

开始做玉石生意时，除特殊情况外一般不要购买价值太大的色料。因为刚入门技术较差，经验少无名气，还会有人作对。因此，很难把价值高的玉石卖出去，时间一长好货也变成“坏”货了。

做宝玉石生意已有一段时间，而且资金雄厚时，最关键的问题是只能动用自有总资金的60%去购买玉料，剩余的40%作备用。一旦已经购入的玉料滞销或行情有变，还可动用剩余的资金来补救。

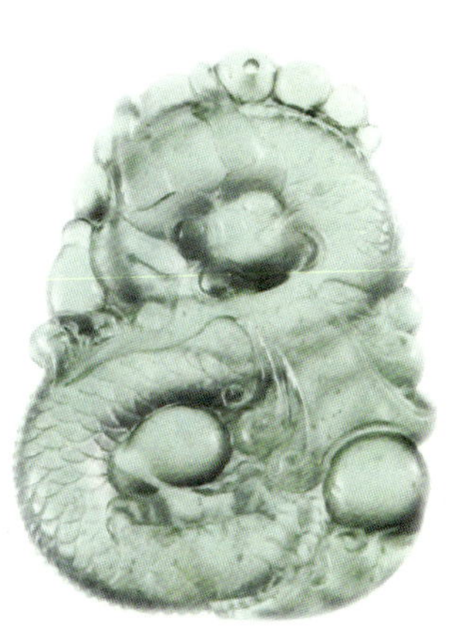

翡翠玻璃底龙牌。

近年来许多公司做玉石生意，都吃亏在不给自己

留退路，把所有资金压在一二块玉料上，好像马上就能成百万富翁似的。结果事与愿违，买来的货全部造成积压。

其次，要购各种档次的玉料，服务于各种层次的客户。各种档次玉料都应精心挑选，要特别关注那些带绿、无裂、透明的品种。低档无色玉料也要求透明、少裂、干净或玉料皮上显示内部可能有绿的玉料。千万不能不经挑选大堆购买。

购买玉料前要预测行情，有的放矢，即使用来做成品的原料也要预测行情。1987年底我们就已预测到低档砖头料在国内外都已饱和，由于信息还未反馈到行业内，边境一带还在抢购砖料。果然1988年就有许多珠宝企业和个人在砖头料上失败。又如，目前国内经济强劲增长，带动了高档翡翠珠宝的消费，我们怎么应对这样的大好形势，这是一个新课题。

在选购玉石原料时，应明确是自己加工还是买来再出售。若为自己加工首饰，在购买时就须仔细挑选，一定要有六成以上的可靠性，否则加工不出您所想做的成品来，若只是为了卖原料，只须买那些开口处见绿又有吸引力的玉料就行了，当然也要认真挑选。

除特殊情况外，一般不要把自己的原料拿到外地出售，因为货到地头死。只要有信誉，酒香不怕巷子深。本人曾遇一块19千克色料，货主成本58万元，我的一个朋友给他70万元。本来货主十分省事，交货付款，12万利润就可到手，但听说我估价70万元，就想可能值几百万了，拿到特区，人看得多了死压价。最后所有费用

翡翠古币挂饰。

用个精光，还差点被骗去，最后以36万元亏本出售。实际上中缅边境一带更能卖好价。

自己是法人或是自己的资金，若自己不懂看货鉴定、价值评估，那是很危险的。我的观点是自己有钱又想做玉石生意时，开始投资少一点，大胆购买，摸索经验。即使是请有经验的人同去购货，也只能让他提建议，决定权应在自己手里。这样做几次经验就有了，就是亏了本也知道为什么，买个经验比让别人吃了好。

缅甸曼德勒翡翠原料市场。

三 怎样挑选翡翠

一块翡翠原料从矿山开采出来，都有一层厚厚的皮。在未运往中缅边境以前，要经过许多玉石行家详细研究，精心打磨。他们能把每块玉石上的绿都找出来。行家的文化可能不高，但在对玉石的研究方面比我们强百倍，他们有几百年开采玉石的历史、世代相传，对在玉石皮上找绿及“水”好部位，可以说是绝啦。故这里将自己多年来的实践经验介绍给读者，希望对读者选购玉石原料有所帮助。

在大玉石原料上开小窗口，可能口口见绿。但要想到若绿很多为什么不开个大窗口，卖个好价钱呢?这样的玉料可根据不同情况，以砖头料的标准来出价。

有的绿色部位是镐的口、断口，用灯照射，绿得可爱，但不抛光。那一定是由于裂纹太多，水不好，绿内夹

翡翠手镯，32支。2003年平均价3万元/支。

翡翠花扣手链。
2003年价2.4万元。

黑或绿不正等原因，不敢抛光，一抛光缺点就全部暴露出来了，若遇见这种情况，您一定要指出一些部位让他抛光后再还价。

笔者曾见到块重5千克的色料，有三分之一重量全是绿带，全部扒皮看得清楚。但只在芝麻大小范围抛光，开价要500万元，我给最高价80万元，谈判破裂，最后广东人以300万元买去，香港人愿出价500万元港币购买，广东人还觉得赚的太少，于是就自己加工首饰，结果因绿内夹黑只收回120万元，亏了180万元之多。

玉料，尤其是高档玉料，在未进入我国边境以前，货主在玉料上找绿时，要留下一些磨挖擦的痕迹，这些痕迹处往往都是一些无绿处，又用与表皮颜色相同的沙或胶巧妙伪装。若一块玉料到处可见人工凸凹痕迹时，就应见多少绿给多少钱(此绿做成品后的价值)。在购买高档玉料时，十有八九可见人工打磨的痕迹。

翡翠的切口或一大片都是绿，称满绿。对这样的一

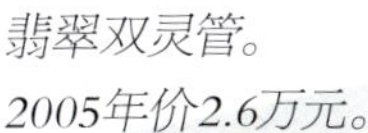

翡翠双灵管。
2005年价2.6万元。

片绿一定要仔细观察。民间言“不怕一条线，只怕一大片”(指绿)。这一片绿往往是沿着绿的走向即平行绿的方向切一刀所致，实际上绿的厚度只有薄薄的一层。

有些高档玉料，研究者认为内部有高翠，用刀一切，情况不好，就原封不动粘合起来再出售。这时购买者要仔细观察您所购买的每块玉料，若发现疑点可用小刀在玉料上刻划，找出粘合线。也可用温热水一杯，把高翠玉料置于杯中，粘合线上就会有气泡不断溢出，那么这块玉料一定粘合过。对于那些在热水中的玉料，只是表皮粘附着一些处于静止状态的气珠，不在此例，那是因为玉石放入热水中时带入的空气所致。

我用这种方法识别了许多粘合过的价值又很高的翡翠原料。

若一块玉料已经开了一片下来称开门子。这时一定要观察所开下来那片玉料，要从两片玉料的合缝看绿在整块玉料上的延伸情况。有时在购买玉料时，已开了门子，但不见开下来的那一片。这可能说明小片玉上有大块绿，而开口大料上绿变少了，有经验的人就可看出绿色进入大料的机会不多而不出高价，故卖主不愿拿出小片玉料给您看。

翡翠高色方牌。2005年价1.8万元。

缅甸所产的翡翠，因产地不同质量相差很大。识别好坏的方法也不同。故在购买挑选原料时，一定要掌握每块玉料的产地及这产地的特征。

如后江玉的特点是愈小色与水愈好，它的皮薄且见草绿色腊皮，但裂纹多。后江玉又分老后江与新后江，均为河床沉积。老后江玉的比重硬度均比新后江玉要大，故老后江玉多沉积在河床的底部。而新后江玉却沉积在河床中下部，而且个头较大。老后江玉抛光远比未抛光颜色更翠更亮，而新后江玉原料上的颜色很好，但做成成品后会减色。又如乌砂玉的绿以外的“底张”一般含铁多呈灰褐色，配在一起就把色糟蹋了；再如灰卡玉，它的个头大，整块大料只有局部水很好，把水好处切片给您看，若不注意其他部位就会上当。整个缅甸玉石矿山有几十个产地，我们都应在实践中把它们搞懂，那时购买挑选翡翠原料时就会如鱼得水。

产于后江的翡翠原料，特级翡翠，水种色俱全，重3.8公两。1993年买价63万元。

在挑选玉石时，要选那些表皮上颜色变化大，并有碳质条带与斑块的玉料，以及那些表皮隐约可见苔藓状物质与表皮光润的玉料，以上迹象说明玉料内部有绿，而且底张干净，水好裂少。

翡翠龙牌。

缅甸有位好友寸某，在1989年瑞丽县外贸局出售270千克帕岗玉料一块，未开口。要价每千克70元。我们认为，此玉表面平整光润，上水后隐约可见淡红色彩及不明显之淡绿苔藓，并明显观察到前期生成之碳质条带(碳元素对铬元素有吸附沉积作用)。我们初步认为此玉内部有可能有椿(翡)有彩（翠），水好裂纹少。在场许多国内外玉石商人都讥笑我们判断有误。我们在原料上指出部位，让寸某改片看看，结果比我们预料的还要好，使这块玉料的纯利润达到83000元。此玉是很特殊的例子，后经了解，当时缅甸境内查得很严，从矿山挖出后，还未来得及研究就运到了我国边境。

钠铝辉石玉。

新厂玉。

新厂玉，为翡翠上开小口。

一定要注意高档翡翠的稀少性，缅甸每年大约生产300吨~600吨，而能做成高档首饰的翡翠产量也就几十公斤，故非人人都能赌涨的。

再者一定要充分了解赌石的风险性，赌石如赌钱，赌石如赌命，具有很大的风险性、刺激性、挑战性及盲目性。要有好运气（机遇），要有科学技术。赌石，大家一定要小心，玉石行业，是一个冒险行业，冒险不是致富发财的保证，冒险可能使你倾家荡产，也可能使你一夜之间暴富。

赌石分几种。赌色、 赌种、赌底、赌水、赌雾、赌癣、赌蟒、赌松花、赌绺裂、赌白棉及赌皮。

赌石时要保持心情平静，情绪不能激动，不要心情时好时坏，要防止周围环境对自身产生的影响。不要乐观时认为维纳斯是美女，悲观时认为她是个残疾人，心情平静时就可以客观地分析一切事物，包括好与坏，丑与美。

赌石时应注意场口：要了解不是每个场口产的翡翠都能赌涨，选些好场口来 “赌”，成功率高一些。

赌石的规律。赌种、底、水、雾、癣、蟒、松花、绺裂、白棉、皮，归根是赌色，有色了还须色、种、水都要好，才算全涨。“色、种、水”是翡翠质量的要素，很重要。

再根据地质学的小构造和其他条件来判断。赌石时应注意资金少时应求稳，这时应赌大不赌小；资金大时应赌大，保留20%的资金累计起来去赌小；有资金有经验又有胆量时应赌小，赌石的最高层次，最高境界是赌小。但赌小的风险很大（这里讲的大和小是指翡翠原料的大和小）。

赌石赌赢赌输心理要平衡。赌输后要总结经验，停止“赌石”一段时间后，反复总结经验教训后再赌，切忌赌红了眼；赌赢后应冷静思考，总结经验切忌张狂。

赌石后的思考。“赌石”有很大风险，这本身就是风险的投资，要考虑到赌涨的概率只有千分之一甚至万分之一，尤其是从瓦城，仰光买的“赌石”赌涨的机会更少，从矿山来的机会比较大。因此，我们要掌握科学技术，再加上智慧、胆量、运气，赌涨的机会还是有的。

翡翠原料。其内见艳绿条带，为2004年仰光拍卖会拍品。

五 购买翡翠时应注意的问题

在购买翡翠时应头脑清醒，反应敏捷，提高自身素质，才能在这风险性很大的行业里，力争处于不败之地故在购买翡翠时一定注意如下问题。

不管是翡翠原料还是成品，最好到信誉好的公司或个人那里去购买。要多看几家，对比后再决定购买哪一家的哪几块料，千万不要盲目。

培养自己对绿色色调的判断能力。一块玉料上的绿，做成首饰后与原料上的绿有很大区别。原料上的绿抛过光或未抛光都与成品后的绿不同。一定要在生活中及在翡翠的生产过程中对绿色调详细研究、准确判断。要注意用聚光电筒观察玉石，但那只是看玉石内透明度的好坏与裂纹杂质的多少的，绝不能在聚光电筒下观察绿的好坏。任何正的绿或偏的绿在强光下，色调都会变得很好，常使人的判断产生错误。

在购买高档翡翠时，一定要有主见。防止别人设下陷阱。在买卖中卖主往往买通一些人明中暗中为他办事，甚至自己手下人都可能被买通。无主见而随意听信别人往往上当受骗。

不要以一次赚钱的经验，而投入更大的资金。有些人用不怎么好的玉料，卖给不太懂行的人(在玉石买卖中不懂行的人，大多充自己十分内行)，结果卖了一个好价钱，他以这块料为经验，又去买这类料，甚至不惜高价去购买，结果吃了亏，这在宝石界是常有的事。如国外有位因买了一块乌砂玉而发财的人，第二次到边境时就自称乌砂大王，见到黑皮乌砂就要买。结果买了近百万元的乌砂玉，通过切改加工后收回的资金不到成

18K白金钻镶圆形翡翠挂饰。2006年价2.6万元。

本的十分之一。乌砂玉因“底张”大多数带灰黑，水不好，只能用色，不能用色以外的部分。且大多数乌砂玉的绿不集中，呈星点带状分布，很难使用，故买乌砂玉一定要十分小心。

在购买玉料时防止急躁情绪。购货时不要定任务下指标，不能指令非要完成多少款才行。款买不完时就乱买，结果只会造成此人或此单位在玉石界昙花一现。

乌砂玉。

在国内购买宝玉石时不要太相信宝玉石的鉴定书。许多人误认为附有鉴定书的宝玉石就一定可靠可信了，这是十分荒谬的。在国内搞一张鉴定书易如反掌，故购买者应该避免到那些只把鉴定书当幌子的公司去购买宝玉石。

千万注意不能购买赌货(未开口)。缅甸有许多玉石高手，他们对每块玉璞都进行了仔细研究，哪块石头能动刀，从什么地方动，都是很有讲究的。他们认为没有多大赌头的玉料才拿到边境出售，而且价格不会低。我从事宝玉石那么多年，很少见到哪个人买赌货发财的。只有那些不懂缅甸玉石情况而又在做发财梦的人才去购买赌货(特殊情况除外)，在这方面失败的例子真是太多了。

在边境购买玉料尤其是高档玉料时，能否成交，都不要在社会上的同行中对这块玉料或成品的要价、还价及缺点或货主是谁等情况说长道短。

六 翡翠贸易技巧

翡翠贸易与其他贸易一样，有许多技巧。它是斗智斗勇的结果，这些贸易技巧若运用得当，可起到半功事倍的效果，在产生极大的效益的同时，还广交了朋友，其乐无穷。

1. 联络感情。翡翠贸易中，若是与货主初次交易或长时期未交易时，这时谈价的时间可能很长，不妨不看货谈价，尽量增加感情上的投资，寻找对方的爱好，娱乐后，再来看货谈价。联络感情要掌握火候，过了也难于降低价格。例如，有一次在缅甸遇到一个玉商，我们看中他的一块石头，他叫价75万。我们也没有立时还价，而是和他一起吃饭，喝茶，聊天。说到个人经历时，这个缅甸玉商"文革"中受到冲击，逃到缅甸。当谈到这段历史时，他非常激动与动情，而我也同样在"文革"中进过"牛棚"，谈得非常投机。突然对方大喊一声："摩公，那块石头您给多少都卖给您。"我也豪爽地说："好!不亏待您。"15万握手成交，75万的叫价就这样成交了。不知他过后是否后悔。

2. 投其所好。翡翠生意人中，良莠不齐，各式各样，有人重利，有人好色，有人喜赌，有人爱书，根据所好投其好。边境有一货主有块色料，我很喜欢，最后谈到六万元不肯让我。我懒得再与他谈下去。此人好色，我就给他讲了一个在某一部小说中提到了一个奇特的药方，大意是说有个太医给王妃开了药方是"壮汉若干"。我刚讲完他就喷出饭来笑出泪来，一拍大腿与我握手。一个故事六万元，我感到他有点吃亏，就给他再讲了徐怀中著的《无情的情人》给他听，他简直把我捧到天上了。最后双方心情都很好。

3. 声东击西。在看翡翠原料时，不要把我们喜欢的玉料的心情让卖方察觉，一旦被察觉，此块玉料价格就特高，难以成交。一次，我陪几位朋友买高档色料，货主拿出十几块高档色料给我看，我马上就把我们想要的色料不经意地放到一边，然后把不想要的色料仔细观察，作爱不释手的样子，最后把色料分成三堆，问他总价多少，他说总价300万，我们表面想要实际并不想要的一堆要180万，另外一堆30万，而对方认为我们不要的而我非常想要的才90万。我不急不慢地说先联络感情，成交一点，拿了想要的那一堆，而那180万的色料慢慢谈。我们就这样轻松拿下我们最喜欢的翡翠原料。

翡翠冰底豆挂饰。

4. 趁人之危。生意人最聪明。在不危害别人的基础上，随时注意卖方的动态，一旦他产生经济危机或其他事故时，马上出现他面前，去谈您所喜欢的那块玉料，不费口舌，不必为价格的高低而争得面红耳赤，会低于市场价的水平成交，而且对方还会感恩不尽。几年前有块非常高档的玉料，放在缅方一侧，开价600万。因经济宽裕卖不出去也不降价。一个朋友十分喜欢，就是嫌价高。自此之后，我的朋友经常关注此位朋友的经济状况。不久为缅甸的旱季，他家火烧了房子，又遇上缅币贬值，雪上加霜急等用钱，我的朋友马上电话过去，用160万就买下，还要帮送到香港才付款。在香港做了21个高档戒面，每粒约在20万元以上，还做了三支半绿手环及一些胸饰什么的。这样一来，赚头就相当大。

5. 走为上狠压价。遇到精明重利的翡翠商人，有时为价格争执不下时，可根据情况给他一个理想价，并说明天要打道回府。看他的表现，若他还缠着您，说明出的价差不多了，再加一点即可成交。对方无回音说明差价太大。无钱可赚再好也不买。

6. 搞“死”他。这里指的是在生意场里把对手搞垮。在珠宝生意中，有许多对手在明里暗里与您作对，甚至伸黑手来整您。这时要以牙还牙，让他知道厉害。

20世纪80年代末，我的朋友在边境商行里看中一块色料，并还了一个价格，但是两天后，被别人在他还的价上加上一点就成交了。其原因是商行内部人员泄漏了天机。我的朋友看了货并谈了价，却被别人买了赚钱，非常恼火。几个月后，他又在边境见到了此人。想了

翡翠花牌料。

一个主意，即给商行管理员3000元，叫他说已出了90万不卖，实际只值20万。第二天还真被他买去，我的朋友暗自高兴，从此再不见此君下落。20世纪80年代中期，有位缅商很有名气但很霸道，许多人都想治他一次。有一次，他有一块3公两的色料要卖，但价太高。此事被我们知道后，立马到缅甸去买那块色料。知道此人抽“四号”，就去他家等他把烟瘾过足后，叫他拿着翡翠到宾馆喝茶，一直磨到他烟瘾大发时，才与他谈价。他又流鼻涕又流泪的，十分痛苦，不卖不让走，他已经熬不住了，我们便以极低的价买下了。

7. 无中生有。这是珠宝生意人智慧的最高表现。

8. 用他人款赚自己的钱。这是发家致富的捷径，是做翡翠生意的最高层次。

9. 随机应变。随机应变跟着市场变，一个市场的投机高手，能随时准备着看准机遇，而且很快抓住它。这是成功人士的表现。

10. 冒险精神。这是成功的根本，如果想在翡翠生意上致富，没有秘诀，就是要敢于冒险，这个冒险一定要用技术来做后盾。

市场经济下，赢家都是一些志向远大、最具竞争力的玩家。二十多年的珠宝经营的兴衰史是一面镜子，为后人照出一条警示之路，很多东西值得我们很好总结。

翡翠三彩手镯。
2005年价46万元。

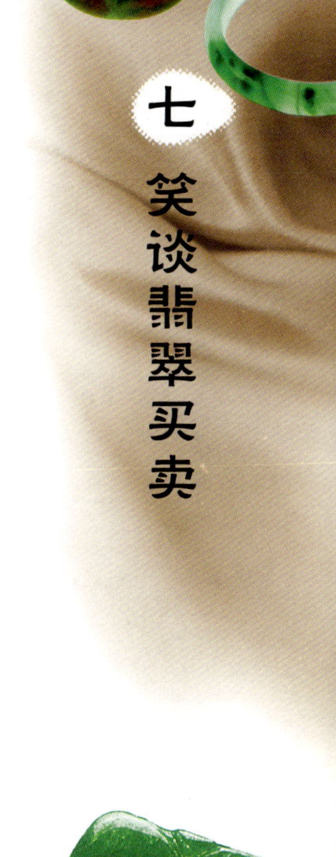

七 笑谈翡翠买卖

经济社会发展到了今天，日益以商业活动为中心。这里最根本的问题就是要把握好商机，快速完成资金的原始积累。笔者有一个好友开始做翡翠珠宝时，就把自己的切入点放在去国外发展上，到商业文化发达富裕的国家或地区去赚钱，去快速完成资金的积累。他想，若被别人搞垮了，就回来过平凡的后半生，但他从来也没想到会垮掉。他早期曾用6万元买来的翡翠，以36万美元卖给一位日本人，他想这个人必垮无疑，可这个人竟还赚了钱又来找我的好友，使他知道国际市场翡翠价格是很高的。几次买卖下来就完成了资金的积累，精神不错感觉挺好，就这样从20世纪80年代早期，一步一个脚印地走到了今天，手头有了自己的钱，做起事来如鱼得水。

做翡翠买卖，实际上，是一个系统工程。从买料、切片、设计、加工到拿去拍卖，每一个环节都要动脑筋，不但辛苦而且危险，但它可带来精神和物质上的满足。在缅甸或中缅边境购买翡翠原料及饰品，若懂得国际市场的标准尤其是对翡翠绿色调的准确鉴别，都有几倍到十几倍的利润的。如：笔者的一位朋友曾以17万元买的一件顶级圆形翡翠蛋面，设计后在拍卖会上以70万元出手；以63万元重五公两的翡翠原料做成的“望夫归”雕件，拍出700多万元；以45万元重4公两的翡翠原料，设计后做成的“财神爷”拍卖到760万元。但是它的风险是很大的，买来亏掉的翡翠原料有谁又能知道呢。

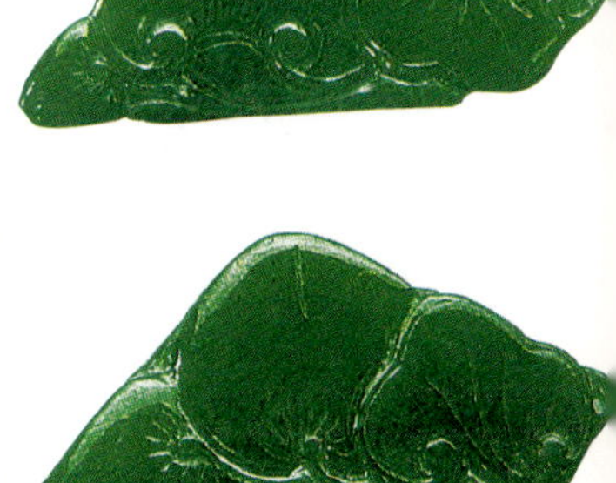

当一个人得到很大发展，这里不一定完全是为了赚钱，而是对翡翠美的一种享受，对冒险的一种向往，对

自我人生价值的一种追求。

做翡翠珠宝生意不能小打小闹，挣点小钱，要敢于赚钱，要敢于到国外去赚外国人的钱，去国外发展去国外参与国际市场竞争。翡翠珠宝生产，只要用剑胆琴心的心态去做，它很容易发家致富的。要关注世界及我国最有钱的那批人，那就是通过世界级国家级的拍卖会上去认识有钱人，去出售翡翠艺术品。只要有了好东西，就要到大型拍卖会上拍卖，结交东南亚及国内许多有钱人，这是做好今后翡翠珠宝生意的基础。

翡翠生意，不是一个人的生意，要求参与的人愈多愈好。1997年东南亚金融风暴发生前，学做高档翡翠的有钱人多达上百，下缅甸走边境购翡翠时不下几十人，都有钱赚相互很少发生经济纠纷，故在翡翠珠宝的交往中，人品好了人气旺、团结起来好做生意。那几年把整个高档翡翠市场搞得火热。

高档翡翠买卖一定要有胆识，而且要学着用自己的钱去做，这样才会对它极度负责，才能感受到心跳的滋味，否则永远出不了师，上不了道。第一次用自己的钱去购翡翠原料时，那是非常认真细心的，手心出汗，心律加快的感受是很难用文字描述的，那毕竟是近百万元!直到卖了一个好价钱后，怕亏本的着急心情没有了，而进入更为狂喜的境地。

翡翠玻璃底佛挂饰。2006年价5万元。

在20世纪80年代初，许多刚开始从事翡翠贸易的人第一次去购货时，面对大批质量上好的翡翠原料竟不知怎么去还价。有一个人在买的一大批原料中，鉴定出一块一万元的色料是人工上色的，竟闹得全国业内人士打击挖苦。那时就下定决心要把翡翠研究懂。但因它的学问太深，总是出些问题，但从此很少买到假货。接触到能赚钱的原料时，一时没看懂被别人买去赚大钱，或是抓机遇没能抓住火候而失去赚钱的机会，这样的事例很多。例如，腾冲一块重3.7公两表皮粗糙不起眼的翡翠原料，价4万，不敢买，被香港朋友买去一刀赚了500万。一块重51千克，全透明带集密正绿丝的原料，本来想买了，但还想压他价，只出70万，而被深圳朋友出104万买去赚了近千万。一块73万重7千克的老象皮状的表面具高翠的翡翠原料，一刀下去无一点绿，全赔了进去。欲哭无泪，只恨自己无能，几麻袋港币被别人拖走。但自1985年后经历了各种经验教训后，那人对各种档次，尤为色料，运用自如，得心应手很少失误。

翡翠冰底大挂佛。

世人都说“神仙难断寸玉”、“ 翡翠无专家”，我认为长期在翡翠交易中赚了钱的就是专家。这里鉴别翡翠的技术很重要，再加上点胆量就行了。有块重1．3千克的翡翠原料，切下一小片见正绿，很多人根据这点绿出了8万，而笔者从皮下它的“雾”里看出高翠，我劝朋友出了25万买下，就在腾冲擦出9两高绿来，翻了十一倍。这样的例子还有，但这是长期经验的积累或是技术与胆量的结合。

仁中取利真君子，义内求财大丈夫

八 成功人士（企业）及破产人士（企业）的经验教训

一、经验与教训

我国的改革开放，给我们提供了商机。在这段时间里，能抓住机遇，而性格又无大的缺陷的人，一般都成了首先富起来的那少部分人。但对翡翠珠宝业来说，更多的人只是赚了一些小钱而已，而绝大多数并未抓住这个大的商机而发展。许多国有珠宝企业的失败，除了政策的因素外，主要还是珠宝企业一把手的素质问题。据不完全统计，近20年来，云南省珠宝企业及贷款经营翡翠的商家亏损近20亿元，这里包括：企业亏损、受骗、破产、银行呆账、转走资金、携款携翠潜逃等。云南是个珠宝大省，但大型珠宝企业很少，没有上规模的加工业。云南人引以自豪的翡翠业，并没有为国家创造大的经济效益，反而距产地几千里的广东，在翡翠的经营上创造的利润居全国之首。很多方面都值得我们深思。

我以前常说：要学习四川人吃苦耐劳的精神，学习福建人市场开拓的精神，学习上海人企业管理及精明理财的精神，学习东北人性情豪爽敢作敢为的精神。有了这几种精神，我想珠宝企业和从业人员定会为国家或集体做出更大的贡献。我通过对很多事例研究，总结了一些珠宝企业的失败原因和经验教训。

失败原因，一个珠宝企业失败的原因是多方面的，但主要是自身的原因。翡翠珠宝行业作为一个高投入、高风险、高回报的行业。首先要有很强自信心、冒险精神、人格力量和较强的管理才能。没有自信心，没有冒险精神，没有好的人格，没有较强的管理才能是很难搞好这一事业的。

在这个特殊行业里，没有珠宝知识与鉴定评估经验是很难管好这一企业的。

国营集体或个人前几年向银行贷款非常容易，但贷款企业或个人从未想到要还钱。故用钱大方，对国家的钱不负责任，完不成资金的原始积累，使珠宝企业不能发展。

社会经验不足，对翡翠珠宝的技术不过硬，对珠宝市场不了解，认为有钱就可做翡翠，而对它的危险性、复杂性认识不足。故开拓不了市场还经常上当受骗。

珠宝企业领导层个人素质差，贪小利信用差，往往把企业带进深渊。任何珠宝企业的带头人都是以经营业绩，确立自己的特殊地位的。

翡翠胸饰，2005年价2万元。

翡翠挂饰。

二、珠宝业成功者的个性特征

世事洞明皆学问，人情练达即文章。市场经济是不讲学历高低，出身贵贱的，只要你顺应市场规律一般都会成功的。

珠宝业成功者共同特点为：

广交朋友、善于交际、个性豪

放、有良好的人际关系网络。因为人缘关系好、关系广，每时每刻都能得到国内外大量有关信息，并能快速调整经营方针，迎合各个层次客户的需求，由于关系多又能获得许多良机，把握时机经营珠宝产品。故珠宝界的成功者从来不去得罪同行及客户，努力建立与各类人的业务关系。

成功者最大的特征是有很大冒险精神，一些善于冒险的大胆者，往往就是成功者，珠宝交易本身就有很大风险，而在珠宝交易中那些风险最大，也是利润最大的生意，往往就是获取成功的机会，只要认真对待，成功就会来临。

珠宝业成功者个个思想敏捷，进取精神强，珠宝商贸知识丰富，都是看货谈价成交能手。他们都有一个共同特点，就是亲自看货，成交果断，不被别人干扰。严把进货关是经营珠宝成功的关键。

珠宝业成功者有较强的预感能力，较能预见未来珠宝市场发展动向，随机应变调整自己的经营方式，根据目前行情及预测未来而进货。而且成功者能在预测珠宝行业低潮或经济危机到来之前，少进或停止进货及减少珠宝生产，并敢于及时改弦易辙摆脱厄运。

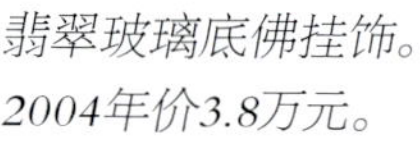

翡翠玻璃底佛挂饰。2004年价3.8万元。

祝愿各位喜爱翡翠的朋友，不断加强自己的个性修炼，早日成为一个成功者。

九 翡翠珠宝业存在的问题

1. 珠宝教育市场。全国自1991年成立珠宝学院至今，培养了几千名合格的珠宝人才，净化了珠宝市场，但理论与实践脱离，地质理论太多，影响了宝玉石学的发展。只能做一般的鉴定师而不能做一个合格的珠宝经营者和管理者。宝石学院，若不进行改革预计今后的宝石学院的毕业生就业将很困难。

2. 珠宝研究问题。大多用矿物岩石学的方法研究珠宝而没有用宝石学的方法去研究，另外，被动研究，没有把假货消灭在萌芽状态。

3. 对珠宝业的发展认识不足。

4. 缺乏品牌及营销能力，市场竞争实际上是一个品牌的竞争，品牌意味着高附加值高利润、高端市场占有率，要有自己的强势品牌知名品牌是经济发展的一个重要标志，是综合实力的表现，进入21世纪就是一个品牌的时代。

5. 加工设计人员极度缺乏。美是人类必然的追求，一生的追求，对于那些亮丽的、顺眼、新奇的东西，有一种强烈的追求，故设计人员应提高素质，应把宝玉石的美充分揭示出来，顺应人类对美的追求。

翡翠怀古挂饰。

6. 缺乏竞争能力，防风险能力差。

孔子说："圣人之道，为而不争。"但市场经济就讲究竞争，以压倒别人为能事。在市场经济的战场上，处处是竞争对手，处处陷阱，若相安无事，怜悯对手，没有战胜对手的渴望与能力，企业永远长不大。

在市场竞争的这个没有硝烟的战场中，一个积极、智慧、果断、志存高远的领导者，能带领一群平凡的人

翡翠环骨手链。

创造出不平凡的大事业，能把平凡的事业升化为不平凡的企业文化思想。这都是在竞争中取得的。

7. 有色宝石设计全盘西化，翡翠玉石几百年无变化无新意。现有翡翠饰品与清代古人佩戴的翡翠挂件，没有大的差别，在200~300年间，没有任何发展。为什么没有发展？

①旧玉雕艺人占据着玉雕市场，排挤除传统工艺以外的工艺艺术。

②翡翠饰品的发展才是近10多年的事，其他艺术领域的人才还未进入或刚进入玉雕业，形成解放初期传统玉雕师一直独统天下的局面。

③还未开发研究翡翠美的典型表现形式、表现手段、表现特点等。

④设计人员创新不够，造型应简单古朴，应传统与现代结合，不应要求“图图必有意，意意必吉祥”的千篇一律的繁杂的雕工。惟有风格是永存。

应表现翡翠独特的个性与时代的潮流(风韵)，这就是翡翠艺术的生命力或生命源泉，否则就失去了饰品的生命力，显得老朽。不是人们不接受新颖翡翠饰品，而是消费者对翡翠饰品的造型无可奈何。

翡翠高色方牌。

社会精英会引导大众，时尚首饰也是如此。目前，人们喜欢雕工简单的金镶玉，设计又很时尚，一经推出就让追求时尚的年青人热爱不已，他们不需要“福气”“发财”或“避邪”，只是自己喜欢而已。

8. 不敢到发达国家和地区去参与竞争，在竞争中壮大自己。

翡翠胸饰。

翡翠表情缘，誓言永缠绵

翡翠挂饰，翠绿色，黄味足，水好种老，形品饱满大方，圆润厚实，色彩均匀，为不可多得的饰品，美中不足的是其内见少量白棉。
5.6cm×4.0cm×2.8cm。
2004年价108万元。

翡翠平安扣晚装两件套。
2006年价30万元。

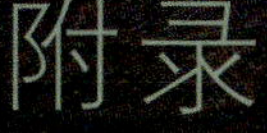

附录

帕岗地区
硬玉矿床地质特征剖析

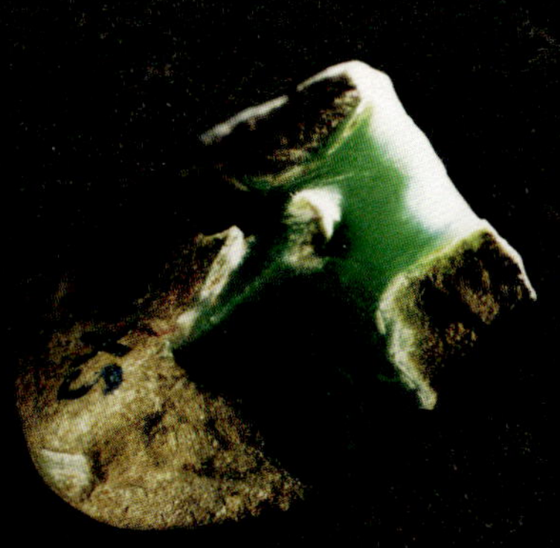

翡翠滴水手链。

2002年3月中下旬，笔者任团长带领一行30余人，首次对缅甸北部地区宝玉石产区进行了艰辛的科学考察。本文就是在实地考察的基础上，系统研究了缅甸帕岗地区硬玉矿床的地质特征，包括该地区的地理位置、交通、产量、产值、矿带地质特征等一些概况，还详细阐述了原生矿床和次生矿床的矿床地质特征，并创造性地提出了几点认识，包括对硬玉母岩的认识、对帕岗硬玉矿区的垂直分带和水平分带现象的认识、以及硬玉的致色原因和找矿方向等。

1. 硬玉矿带概况

1.1 地理位置

缅北硬玉矿带共分三大产业区。位于缅甸西北部坎底江上游地区——属缅甸皆实省，场口有后江、雷打场等地；帕岗地区位于缅北克钦邦西侧，坎底城东南方向，与皆实省相邻，以帕岗、隆肯、度冒、灰卡为代表；南奇地区位于因多基湖西南，主要产地为南奇、莫罕等地。

矿区矿产丰富，森林茂密，雨量充沛，地形切割严重，为切割形丘陵地带。

1.2 交通

坎底距曼德勒850千米，距密支那276千米，相互间公路相通，航空相连。帕岗距曼德勒720千米，距密支那176千米，距孟拱128千米，帕岗距中国腾冲327千米，是腾冲经缅甸通往印度的必经之路，为史迪威公路的一段，交通便捷，但路况很差。

南奇矿区位于曼德勒至密支那铁路线上，交通更为

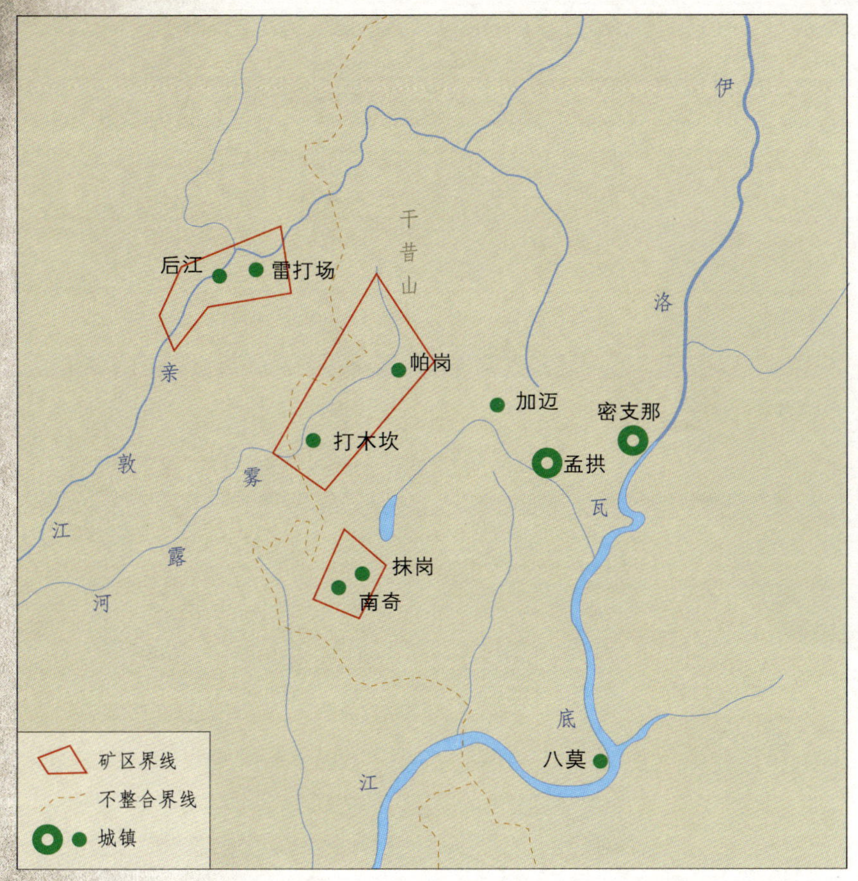

缅甸翡翠产地位置示意图。

方便。

1.3 产量及产值

缅北硬玉产区，帕岗地区产量最大，占三大产区的90%以上。

缅北每年产出的各种档次的硬玉约300～600吨，最高时的20世纪80～90年代每年高达1000吨左右。其中普通原料占70%～80%，中档占15%～18%，高档、特高档占

2%~5%(包括色料内的无色部分)。其中产量的3/4销往中国(约225~450吨), 1/4本国消化或部分运往泰国等地(约75~150吨)。最近几年, 因受世界经济形势影响, 产量有所下降。

翡翠"富甲天下"挂饰。

产值, 缅甸每年产出的翡翠分为高、中、低三档。其每年的产值估算为:

(1)普通硬玉原料占70%~80%, 约合225~450吨, 按每公斤100元人民币计, 产值应在2250万~4500万元人民币。

(2)中高档硬玉原料(花牌料)占15%~18%, 约合49.5~99吨, 按每公斤5000元人民币计, 产值应在2.47亿~4.95亿元人民币。

(3)高档硬玉原料(色料)占2%~5%, 约合9~22.5吨, 按每公斤10万元人民币计, 产值应在9亿~22. 5亿元人民币。

以上共计, 缅甸每年所产硬玉原料产值为11.7亿~27.9亿元人民币。加工成翡翠工艺品或艺术品后, 一般可增值20倍左右, 其产值可达234亿~558亿元人民币。

1.4 矿带

缅北硬玉矿带南到雾须贡、莫鲁铁路之南, 北至达苏崩, 南北长190千米, 南部宽50千米, 北部宽30千米。面积可达7600平方千米。

硬玉原生矿可见出露海拔标高在275~1200千米, 相对高差达900千米。

2. 缅北硬玉矿带地质特征

缅北硬玉矿带呈南北向，位于印缅板块与欧亚板块碰撞接合部的俯冲带一侧，为高压变质带。

地质上称为印缅外岛弧。而帕岗之东沿迈立开江—密支那南北一线为板块的仰冲带，是低压变质带，应同属高黎贡山变质带，地质上称为缅北内岛弧带。

晚白垩纪以后主要是第三纪时，沿印缅板块俯冲带一侧，岩浆活动十分频繁强烈，基性超基性岩沿俯冲带断裂呈岩墙岩瘤贯入，此时伴有火山凝灰岩、集块岩、铬铁矿、磁铁矿的产生。基性超基性岩主要为蛇纹石化橄榄岩、角闪石橄榄岩、蛇纹岩、纯橄榄岩、方辉橄榄岩及辉长岩等。超基性岩内见花岗岩脉穿插，局部地段见后期强烈热液蚀变作用，表现为强烈退色现象及重结晶。

在南北长190千米的硬玉矿带上，分布着大大小小近百个含硬玉的超基性岩体，较大的岩体有7个，这些大小岩体几乎都产出硬玉透镜体，并伴有次生硬玉矿床。最大的超基性岩体出现在矿带南部，南北长65千米，平均宽18千米，最宽处达25千米，最窄处只有2. 5千米，最高海拔标高达1550米，这就是南部的南奇场区。储存于超基性岩体内的硬玉原生矿床，在平面上呈多条雁行平行排列的串珠状透镜体，剖面上为硬玉透镜体，为张扭性断裂。

缅北地区白垩纪及第三纪的始新统地层广泛出露，在超基性岩附近这些岩石已变质为结晶片岩、千枚岩

翡翠料。

及大理岩等，此层中可见花岗岩脉穿插。结晶片岩由绿泥石、阳起石、蓝晶石、石墨及蓝闪石等组成，岩性破碎、揉皱、边部磨圆、移位、穿插现象十分普遍。在结晶片岩内的局部地段见热液作用引起的褪色现象。以上这些岩系大多被第四纪、第三纪的砂砾岩冲积层覆盖。

帕岗东部为大面积的第三纪砂砾岩沉积地层及安山岩、玄武岩及花岗岩等。

3. 帕岗地区硬玉矿床地质特征

3.1 帕岗地区岩体与原生矿床特征

帕岗地区位于印缅板块向下俯冲一侧。超基性岩体走向为南北向，局部为北北东或北北西向。

帕岗超基性岩体南北长38千米，平均宽7. 5千米，呈弓形，为缅北硬玉矿带第二大含矿岩体。除此岩体外，沿断裂方向还存在许多较小的形状各异的含硬玉超基性岩体出露。

帕岗地区硬玉矿床南北长4.5千米，东西宽8千米~11.5千米。硬玉矿体走向与岩体一致，产状：向140° ~210° ，倾向北东或南东，倾角20° ~45° 。

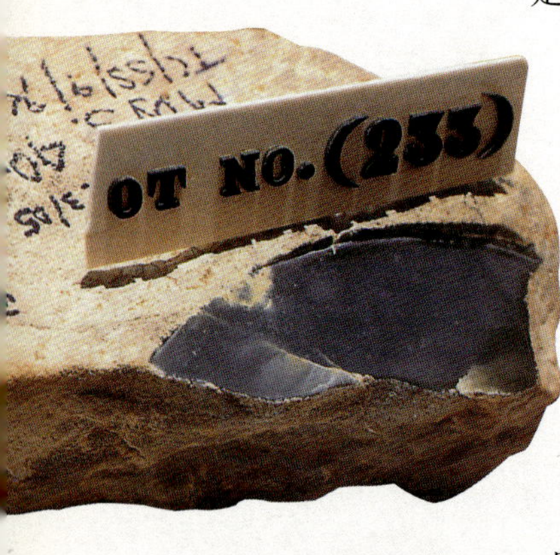

表里无色的冰底玉石原料。

原生硬玉矿体产于蛇纹岩化橄榄岩及角闪石橄榄岩内，向外为结晶片岩。

原生硬玉矿体出露位于海拔标高为275~1200米岩体内的硬玉原生矿，如度冒、凯苏、铁龙生位于岩体中部，海拔在460米~610米。硬玉矿体剖面发育完好，各层之间为渐变过渡。硬玉质量较好地段，见围岩与硬玉的强褪色现

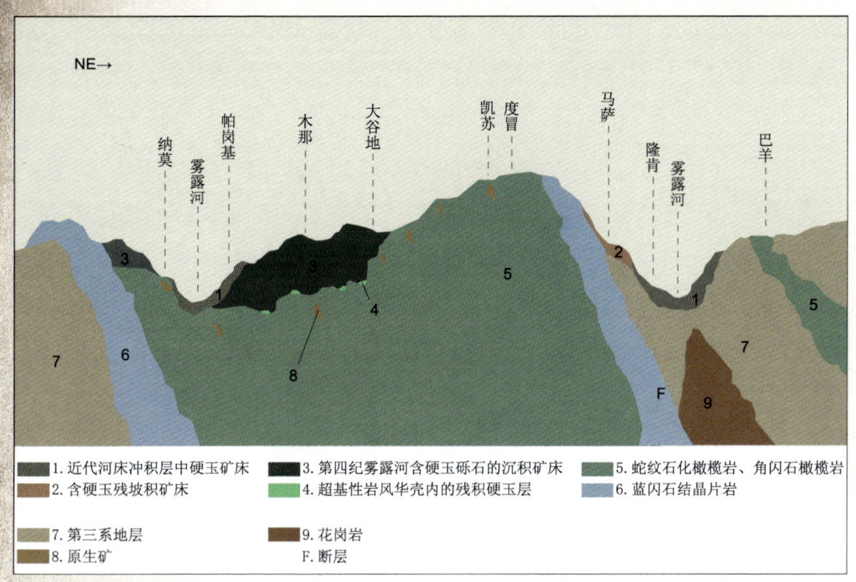

帕岗硬玉矿区剖面示意图。

象，其表现在雾露河北部地区非常明显，褪色使暗灰色蛇纹石化橄榄岩、角闪石橄榄岩变为浅灰白色至黄白色，而在标高275米处的纳莫大玉剖面，硬玉剖面单纯，岩性简单，硬玉与围岩界线明显为突变过渡，不见任何热液蚀变作用，只见动力构造的揉搓、挤压、弯曲、错位等现象，表现为硬玉质量很差。含硬玉岩体顶部，均可见一层厚度大于10米的砖红色砂质泥岩，风化后为红色土层覆盖在含硬玉的超基性岩体顶部，此时产出的硬玉质量最好。

根据凯苏度冒及纳莫大玉产状看，硬玉矿体形态为：硬玉原生矿长轴方向大致平行南北构造带方向，短轴向下延伸(在纵剖面上表现为硬玉矿体的高)，短轴高大于硬玉矿体厚度。如纳莫大玉，它的长轴(最长处)为21.55米，近水平略向南倾，而短轴(垂直高)为9.14米，剖面厚度4.88

米，北东倾向，倾角0°～45°，走向140°～160°。纳莫坑口所见硬玉透镜体距离大玉北东方向70米处，产状与大玉相同，长10米，最厚为1.5米，可以认为同一硬玉矿脉在延长方向串珠状的两个不同大小的硬玉透镜体。

度冒矿床（包括明茂凯苏八三南沙茂等）硬玉矿带呈北东至南西方向延长，长度已大于10千米。沿超基性岩体在平面上呈串珠状的硬玉透镜体断续产出，每条硬玉矿脉就是一个含硬玉的透镜体。若干透镜体硬玉矿脉沿延长方向组成串珠状，单个透镜体长10～300米，厚1.5米～10米，最厚可达25米以上，最小透镜体只有几厘米。硬玉及围岩内可见强热液蚀变、重结晶及硅化现象。硬玉矿体上下盘之钠长石岩愈纯净、透明度愈好，其硬玉质量愈好、绿色愈纯净。产状：走向210°，倾向南东，倾角20°～47°。

原生硬玉矿称新厂，代表场口有度冒、凯苏、八三、铁龙生等。

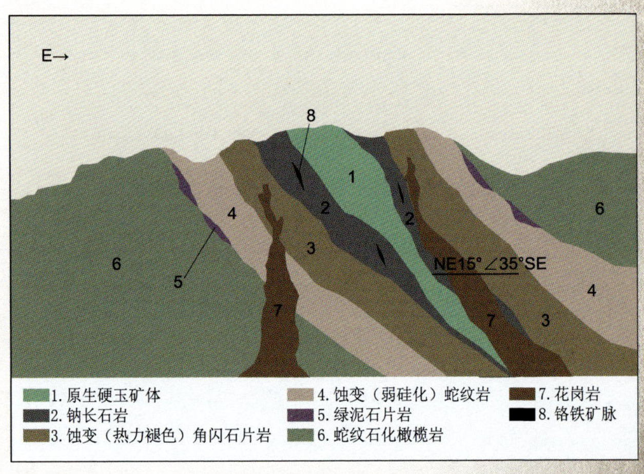

度冒硬玉矿体剖面示意图。

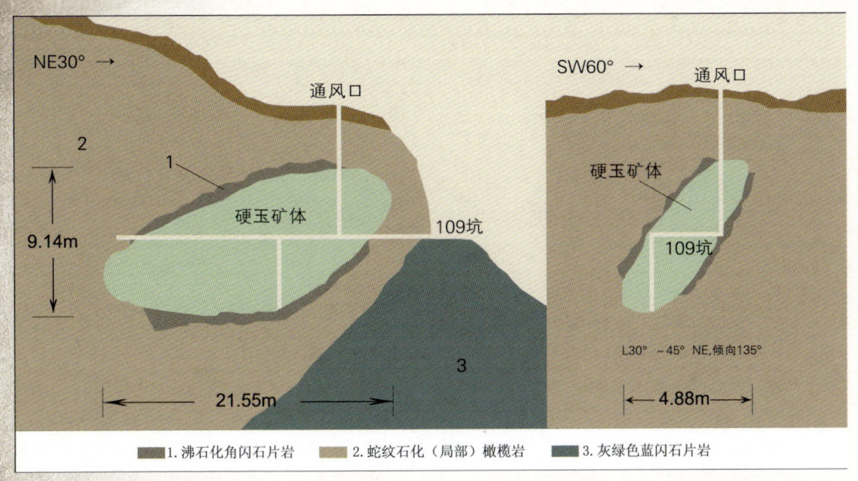

莫纳3000吨大玉投影示意图。

在迈开之北西方向的干董地区于1984年发现原生硬玉矿若干，其中最重的有400多吨及300多吨两块。2000年在纳莫发现了3000吨大玉。

3. 2 帕岗地区次生硬玉矿床特征

3. 2. 1 第四纪雾露河含硬玉砾石冲积沉积矿床

在第三纪始新统沉积时期，帕岗地区呈南北向沿板块俯冲带大量侵入了超基性岩体，此时此地区为南北向的温佐地块隆起带，帕岗位于此带北端，没有沉积第三纪地层的条件。在形成硬玉岩的同时，也就开始了此地区的抬升与剥蚀。

伴随着温佐地块的隆起而产生的帕岗地区内之F断层，此断层西盘下降东盘上升，F断层之西的断陷盆地，于第四纪时沉积了大于300米的雾露河含硬玉砾石的冲积沉积层。

翡翠冰底瓜挂饰。

第四纪的更新世底部(也就是第四纪雾露河含硬玉砾石冲积沉积层底部)，为超基性岩基底，基底呈锯齿状凹凸不平，起伏很大。此地区地壳抬升时，剥离残留了大到几百吨，小到花生米大小的硬玉块体，他们是超基性岩内硬玉透镜体的残留，而较软的超基性岩被冲蚀，较硬的硬玉岩块体原地残留。硬玉残积体之中，有些有一定的磨圆度，那是因为泥砂砾对它的冲刷磨圆及原来构造对它的揉搓磨圆所致。

此层除底部残积硬玉块体外，于此层中上部还产第四纪雾露河含硬玉砾石冲积沉积矿床。砾石磨圆度较好，有一定的分选性，但胶结疏松，沉积物大小悬殊。砾石成分为蛇纹岩、结晶片岩、片麻岩、硅质岩、玄武岩、灰岩、安山岩、泥岩及硬玉砾石，砂泥质胶结，是帕岗地区硬玉质量最好的层位。

此层从上到下共分四层：

第一层：现代冲积层。厚10米~30米。

第二层：含硬玉砾石的冲积层，超基性岩顶部的原生硬玉矿剥蚀搬运沉积。厚30米~60米。

第三层：卵石与砂砾层，主要为第三纪地层剥蚀搬运再沉积而成。厚100米~150米。

第四层：含硬玉巨砾的基底残积层。厚10~30米。

此层分布于雾露河两岸阶地之上，帕岗断层之西地区，称老厂。主要产地为灰卡、次通卡、木那、大谷地等，均产在2层内，有皮且厚。在灰卡产500吨大玉，在迈开之北西的干董产33吨的大玉等均产在4层中。实际上，此层为两种次生硬玉矿床的叠加。

3. 2. 2 硬玉的残坡积层

为原生硬玉矿床剥蚀、残积、坡积或短距离搬运堆积在原生矿附近或山坡周围及支流内。为陆上快速洪流冲积而成，厚20~60米。硬玉产在此层中下部及下部水下滑坡的灰黑色超基性岩石内。在第四纪雾露河含硬玉砾石冲积沉积层的边缘部分，也有此类残积的沉积。

最大特点为各种砾石呈棱角状，分选差，未胶结，其内有少数磨圆度好的砾石，为第二次或多次搬运的结果。产地主要在隆肯河以上地区，代表场口为马萨、桑卡等，有皮但薄称新老厂。2000年，马萨厂产出一块重2000千克之大玉，有宽的色带围绕，为几年来难得之好玉。

3. 2. 3 近代河床中的冲积硬玉矿床

产于近代河床中，分布在雾露河两岸，从桑卡到打木坎长几十公里地段均产磨圆度好的硬玉砾石，称老厂水石玉，皮薄，厚度不清。主要产地为帕岗、帕岗基、马蒙、打木坎等地。根据帕岗红宝龙公司的开采中段平面图显示，帕岗基竖井所采硬玉矿有两层，上层为近代河床中的冲积硬玉矿床，下层为第四纪雾露河含硬玉砾石的冲积沉积层，开采已深达126米。2001年此井产硬玉砾石84吨，其中只有一块达到特级翡翠标准，重7. 5千克，卖价2400万美元。而在竖井旁的露天开采场为现代化机械开采，共采出三种硬玉矿床类型，即基底残积硬玉矿、第四纪雾露河含硬玉砾石的冲积沉积矿和近代河床中的冲积硬玉矿。

翡翠平安扣。

3. 2. 4 产于构造破碎带内的硬玉矿床

硬玉原生矿受地质动力作用，即破碎、变形和搓揉作用，产生的构造角砾岩硬玉在整个矿带内多处可见，称乌砂，为黑皮，含铁多。产地为马蒙、帕岗等地。

4. 对缅北硬玉矿带的几点认识

(1) 孕育着硬玉母体的超基性岩，为蛇纹石化橄榄岩、角闪石橄榄岩，除此之外，还未见或报道过其他岩性的超基性岩内产出硬玉矿体。在此地区，凡是蛇纹岩化橄榄岩、角闪石橄榄岩内，不论岩体大小形状有何不同，均有硬玉产出。

(2) 帕岗硬玉矿区，在矿带上存在着垂直分带现象。在帕岗及雾露河以北地区，在可见超基性岩的顶部均见厚约10米以上的砖红色砂质泥岩，有些已风化为红土，之下的超基性岩全为蛇纹石化橄榄岩、角闪石橄榄岩或局部蛇纹石化橄榄岩的含硬玉岩体，超基性岩的顶部及上部的硬玉矿体质量最好，中部所产硬玉质量明显下降。如近代河床中的冲积硬玉矿床，第四纪雾露河含硬玉砾石冲积沉积矿床，为含硬玉岩体上部剥蚀冲积沉积，质量很好，推测剥蚀前海拔标高在800米以上。紧接着为含硬玉岩体中上部剥蚀，为残坡积的陆上冲积层，硬玉质量较先剥蚀的硬玉要差，称新老厂，质量介于中间，推测剥蚀前海拔标高在610~800米。而目前开采的硬玉原生矿床，如凯苏、度冒、铁龙生、八三玉等质量较差，记录海拔标高460~610米，达宝石级硬玉几乎不见(只在1992年上半年产出十几吨，质量较好，相当于残坡积所产新老厂)，说明

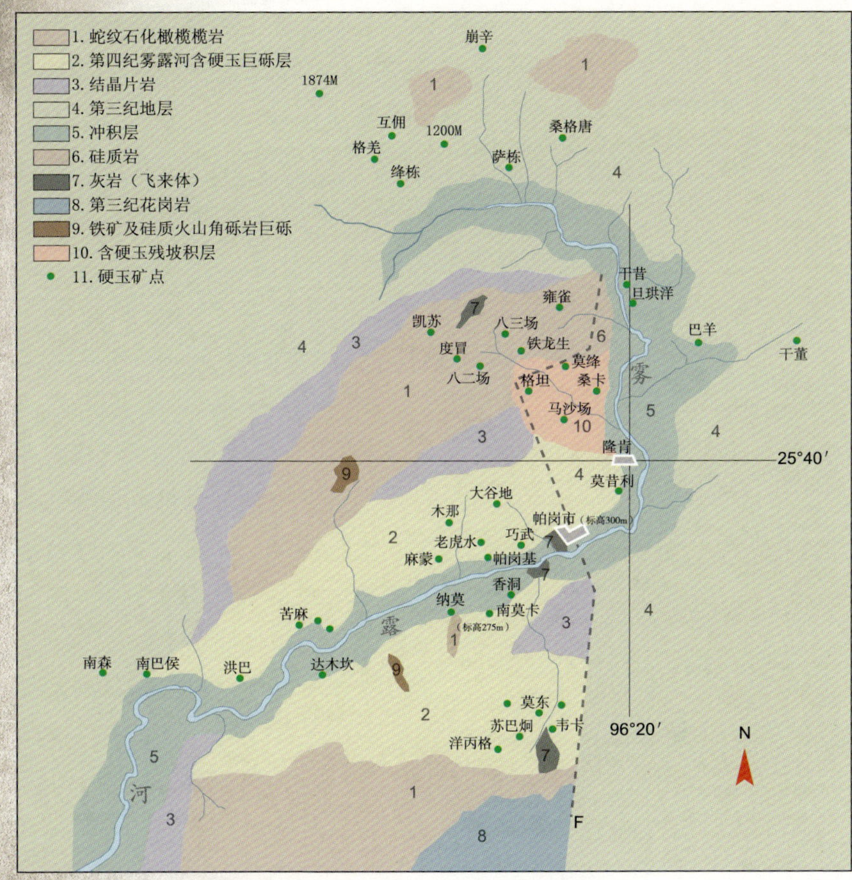

缅甸帕岗地区地质示意图。

达宝石级硬玉已剥蚀完，只留下很少根部部分。而2000年发现的纳莫3000吨大玉，出露标高为275米，含硬玉岩体处于矿带延伸的下部，质量最差，已达不到玉石标准。

这种垂直上的质量分带现象十分明显，这就是为什么目前所采原生矿未见达宝石级硬玉的原因。

(3) 帕岗地区还存在着硬玉矿带的水平分带现象。在雾露河帕岗以北地区，为三级地貌，愈往北地势愈高，此地区所产硬玉质量最好，不管原生矿床或外生矿床，它们的皮或“肉”，颜色均为浅色调，以灰白、黄、黄白色为主，很少产出灰黑、灰色皮壳的硬玉(构造角砾岩硬玉除外)。说明雾露河帕岗以北地区原生硬玉矿床受区域动力变质作用、热液蚀变作用及矿物的交代作用十分强烈，使硬玉岩及它的围岩蚀变为浅色调，这种环境有利于铬元素的释放，使硬玉结构更加致密。以上各种蚀变作用在含硬玉岩体顶部尤为突出，故它的质量最好。

而雾露河帕岗以南地区，大部分产硬玉地区标高在300米~450米，如灰卡、莫东、洋丙格等场口产出的硬玉，它的皮或“肉”大多与围岩的灰色、灰黑色相同。就是一块硬玉内，不同的部位所反映出的透明度及杂质物质变化都很大。此地区残积层内所产硬玉质量差，而第四纪雾露河含硬玉砾石冲积沉积层内硬玉质量较好，但均比不上北部所产。

(4) 致色原因。整个缅北硬玉矿带内，普遍含有铬铁矿，但它们大多与硬玉的绿色无关。使硬玉致绿的原因是在硬玉矿体上下盘发育着先于硬玉生成的角闪石橄榄岩、硬玉矿体内及靠近矿体的蛇纹石化橄榄岩内的铬铁矿细脉的释放，以及局部地段蓝闪石片岩内石墨矿物对释放后的致色元素——铬的吸附。

经镜下鉴定角闪石橄榄岩内的角闪石普遍含有铬元素及铬铁矿。这些铬元素及铬铁矿在连续不断的适宜温度下，释放出致色的绿使硬玉呈绿色。

(5) 硬玉的找矿方向。①找寻角闪石橄榄岩、蛇纹石化橄榄岩出露地带及砖红色砂质泥岩、风化后呈红土的下部地段。②在多种火山岩发育地区附近的角闪石橄榄岩、蛇纹石化橄榄岩内及各种蚀变强烈且叠加地区。③考虑构造因素，海拔标高应在400米以上高程，寻找超基性岩体内的硬玉矿床，700米标高以上的超基性岩内应出现宝石级硬玉。④度冒矿区以北地区，山高林密，一直延伸到葡萄地区，在大大小小的超基性岩体内，是寻找硬玉矿床的有利地段。⑤在因多基湖以西的最大超基性岩体内，还应有许多硬玉矿体未被发现。⑥沿断裂带方向上的隐伏超基性岩体内，往往产出高质量硬玉。⑦缅北的含硬玉超基性岩体，从缅北的葡萄地区以北延至我国西藏境内的互弄、下察隅、上察隅地区，然后折西进入墨脱县，都是寻找硬玉有望地区。⑧沿密支那南北向构造带方向，侵入了许多大小不等的超基性岩体，应查清岩体岩性，与帕岗含硬玉超基性岩体做比较，寻找硬玉矿床。

翡翠手镯。

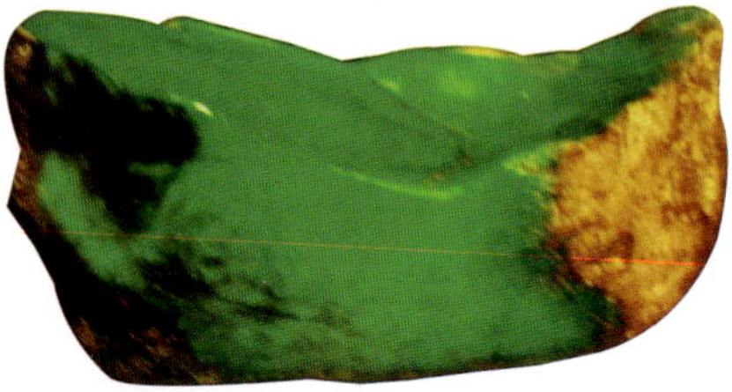

特级翡翠原料。

灯光照射下的特级翡翠原料。

特级翡翠原料。

翡翠原料高艳绿绿色条带，带宽2.1cm，重460克。

特级翡翠原料，重320克。

翡翠玻璃底手镯。

翡翠玻璃底全绿手镯。

翡翠入眼帘，视其绿，水透欲滴，真令人如痴如醉，如梦如幻。

翡翠满绿手镯。

翡翠三彩手镯。

艳绿手镯，内方外圆，粗框，内径5.7cm，水透种老，为世间稀有之物，价500万元。
十粒戒石，饱满大方，纯净无瑕，水种俱全，艳绿晶莹，最大粒者2.6cm×1.8cm×1.6cm，最小粒者1.7cm×1.1cm×0.8cm，2006年价550万元。
翡翠挂饰，种水上乘，亮丽饱满，2006年左为120万元，右为160万元。

翡翠福禄寿鼻烟壶，水透色阳，刀法精细，配以艳红玛瑙，红绿相映，令人醒目。以纹饰繁冗精美的画面，用变幻多姿的线条，雕琢了象征福禄寿的美好意愿。
高6.1cm，宽4.0cm，1997年价70万元。

黄沙皮，大谷地产，为艳绿满色翡翠原料，背面见鸡油黄薄层，水种俱全，价46万，于1995年购，玉雕艺术家施炳谋设计加工而成翡翠财神，雕琢者采用浅浮雕手法，（不浪费色料）造型逼真，悠然自得，背面黄色则为外圆内方的古钱币，疑似招财之感。
翡翠原料重490克，12cm×3.0cm，1996年太平洋拍卖价760万元。
（上为成品，下为原料）

黄金托荷花翡翠观音，观音端坐荷花莲座上，神态慈祥，微闭双目，专注修行，普度众生。荷花及叶为翠，翡翠用料上等，荷梗为金，底铺白银，造型难度极高，突破了传统金镶玉的手法，主次分明，搭配得当，浑然一体，为一件稀世艺术品。由台湾玉雕大师郑开雄创作。

整件高46cm，翡翠观音高12cm。

1998年估价900万港币。

各类翡翠饰品在分光镜下的吸收光谱特征

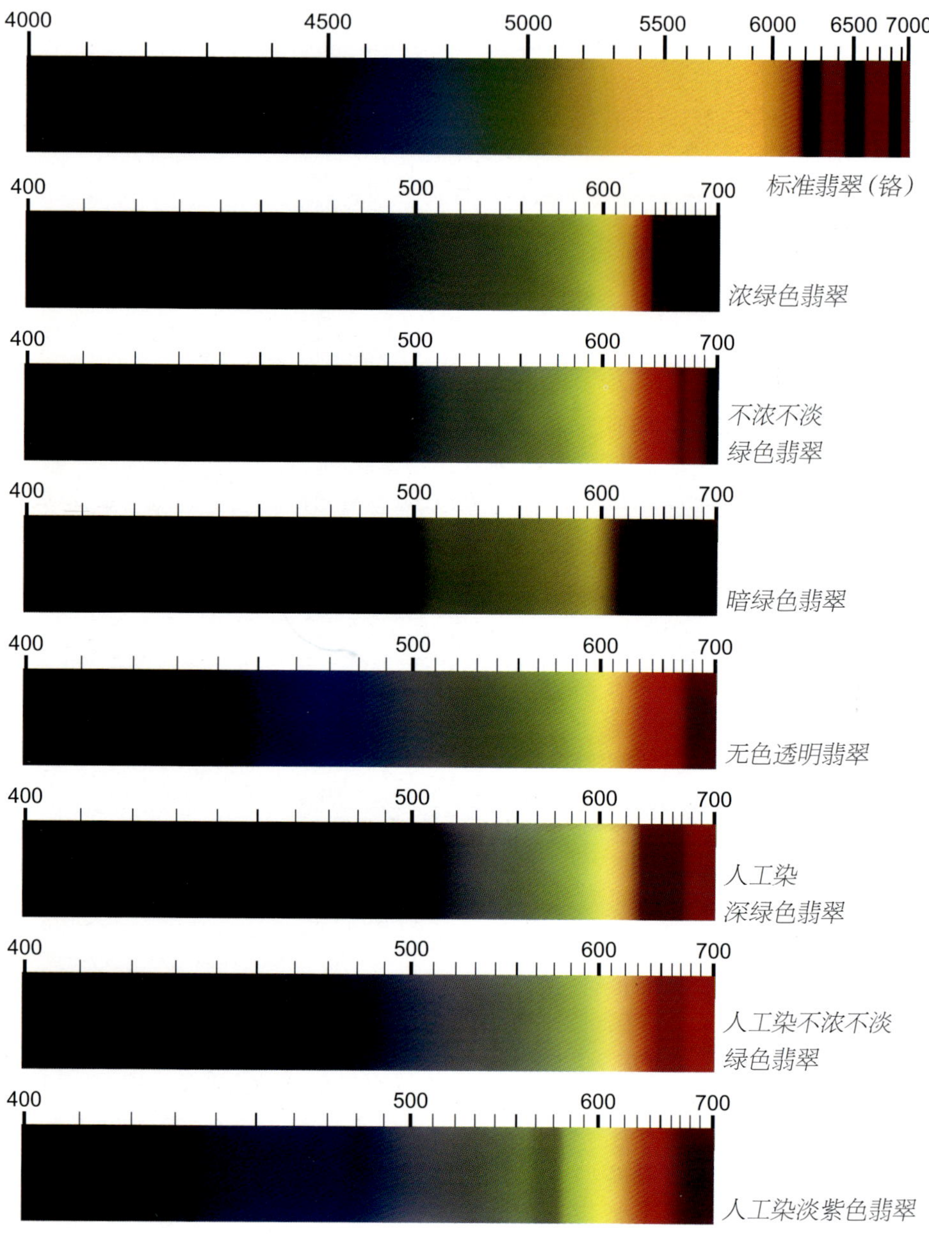

以上摘自《MYAN MA JADE》一书

不同颜色宝石的吸收光谱（适用于分光仪）

宝石颜色	宝石名称，括号中为引起吸收的元素	吸收光谱中的黑线 强线波长（nm）	弱线波长（nm）
无色	金刚石	415.5（深紫）	
	锆石（铀）	653.5(红)	478、465、451、435、423
	人造金红石	425（紫）	659
红色	红宝石（铬）	694.2、692.8（深红）550（黄绿）、476.5、475、468.5（蓝）	668、659.5(红)
	尖晶石（铬）	540（绿）	含铬多时 686、675（红）
	铁铝榴石（铁）	576（黄）、527（绿）、505（绿）	617（橙）、462（蓝）、
	镁铝榴石（铬、铁）	575（黄）	505（绿）
	粉红黄玉（铬）		682（红）
	电气石（锰）	458、450（蓝）	537（绿）
	锆石（铀）	653.5（红）	659（红）
黄色	金刚石	415.5(深紫)、478（蓝）	465、451（蓝）、423（紫）
	锆石（铀）	691、622.5、659、653.5（红）、589.5、562.5（黄）、537.5、515（绿）、484（蓝）、432.5（紫）	
	正长石	448、420（紫）	
	蓝宝石（铁）	450、460、471（蓝）	
	金绿宝石（铁）	444（紫）	505（绿）、485（蓝）
	锂辉石	438、432.5（紫）	
	锰铝榴石	462（蓝）、432、412（紫）	505（绿）、495（绿）、485（蓝）、424（紫）
	硼铝镁石（铁）	493（绿）、475、463、450（蓝）	527（绿）
	磷灰石（镨、钕）	584、578（黄）	538（绿）
绿色	祖母绿（铬）	683.5、680.6（红）、637（橙）	662、646（红）、477.4（蓝）、427 人工
	变石（铬）	680.3、677.5（红）	665、655、645（红）、473、468（蓝）
	翡翠（铬、铁）	691.5（深红）、437（紫）	655（红）、630（橙）、432（紫）
	玉髓（镍）		632（橙）
	钙铝榴石	630（橙）	
	蓝宝石（铁）	471、460、450（蓝）	
	金绿宝石（铁）	444（紫）	505（绿）、485（蓝）
	橄榄石（铁）	493（绿）、473、453（蓝）	529（绿）
	顽火辉石（铁）	506（绿）	687（红）、548（绿）、483、450（蓝）
	铬透辉石（铬、铁）	690（深红）、508、505（绿）	
	翠榴石（铬、铁）	701（深红）、443（紫）	640、621（橙）
	锆石（铀）	687、668、653、652（红）、589、574、560（黄）	520（绿）、473、461（蓝）
	电气石（铁）	640（红）、497（绿）	
	绿柱石（铁）	537（绿）	
	绿帘石、黝帘石（铁）	455、475（蓝）	
	红柱石（锰）	552.5（黄）、蓝紫区强烈吸收	549.5（绿）、517.5（绿）
蓝色	蓝宝石（铁）	471、460、450（蓝）	
	尖晶石（铁）	495（绿）、480（蓝）	555、592（黄）
	人造尖晶石（钴）	635（橙）、580（黄）、540（绿）	
	海蓝宝石（铁）	697（深红）、657（红）、427（紫）	628（橙）、456（蓝）
	电气石（铁）	497（绿）	
	锆石（铀）	659、653.5（红）	
	黝帘石（坦桑石）	595（黄）	528（绿）、455（蓝）
	堇青石（铁）	593、585（黄）、535（绿）	492（绿）、456（蓝）、437（紫）
	磷灰石	631、622（红）、511（绿）、490（蓝）	464（蓝）
	绿松石（铜）	432、420（紫）	460（蓝）

任凭岁月悠悠，
翡翠依然风流……